网络空间安全系列教材

密码芯片设计与实践

郭　祯　叶　俊　郭渊博　刘志全 ◎ 主　编

冯　霞　史　瑞 ◎ 副主编

电子工业出版社·

Publishing House of Electronics Industry

北京·BEIJING

内容简介

本书从信息安全的基础概念讲起，逐步深入密码学的基础知识、密码算法的分类与应用，以及密码芯片的设计原理和实现方法。全书共 8 章，内容涵盖了信息安全的发展现状与发展历史、密码学概述、对称与非对称加密算法、密码芯片的设计与优化、密码芯片的检测认证与量化评估、侧信道攻击与防御策略，以及密码芯片的研究热点及未来发展趋势等。本书不仅深入分析了密码芯片的内部结构和设计流程，还提供了丰富的实验案例，可以帮助读者更好地理解和掌握密码芯片设计的关键技术与应用场景。

本书可作为密码学和网络安全专业的本科教材或参考书，也适合从事数字电子产品设计的工程师及对密码芯片技术感兴趣的读者阅读和参考。

图书在版编目（CIP）数据

密码芯片设计与实践 / 郭祯等主编. -- 北京 ： 电子工业出版社，2025. 1. -- ISBN 978-7-121-49477-2

Ⅰ. TN402

中国国家版本馆 CIP 数据核字第 2025C7K262 号

责任编辑：杨　博
印　　刷：三河市良远印务有限公司
装　　订：三河市良远印务有限公司
出版发行：电子工业出版社
　　　　　北京市海淀区万寿路 173 信箱　　　邮编：100036
开　　本：787×1092　1/16　　印张：10.5　　字数：229 千字
版　　次：2025 年 1 月第 1 版
印　　次：2025 年 1 月第 1 次印刷
定　　价：49.00 元

凡所购买电子工业出版社图书有缺损问题，请向购买书店调换。若书店售缺，请与本社发行部联系，联系及邮购电话：（010）88254888，88258888。

质量投诉请发邮件至 zlts@phei.com.cn，盗版侵权举报请发邮件至 dbqq@phei.com.cn。

本书咨询联系方式：（010）88254472，yangbo2@phei.com.cn。

前　言

随着信息时代的到来，数字化经济革命的浪潮正在改变着人们的工作和生活方式。在全球经济中，数字经济日益显现出其重要性。近年来，以互联网、物联网、云计算、大数据、人工智能及区块链技术为代表的数字信息技术飞速发展，数字信息技术与传统产业紧密结合并释放出巨大的能量，成为世界经济发展的重要引擎。但是，近年来数据泄漏事件频繁发生，数据的安全性还没有得到有效保障。保障数据的安全性和隐私性在数字化的大环境下是十分重要的课题。数据的使用者不能无限制地从各个终端获取自己想要的数据信息。我们必须从数据的隐私性和安全性方面设计出比较有效的策略来保护数据。在这一前提下，密码芯片作为一种行之有效的方案引起人们的广泛关注。密码芯片在提供数据的高效传输的同时，可以对数据进行加密，保障用户数据的安全性和隐私性。

密码芯片是信息安全产品的基础，为安全保密系统提供标准通用的安全保密模块，根据算法类型的不同，可以分为对称密码芯片和非对称密码芯片。密码芯片作为通用的安全保密模块，可以配置在单机或网络环境中，应用于不同类型的密码设备，且算法可以灵活配置。传统的密码芯片主要有专用集成电路（Application Specific Integrated Circuit，ASIC）密码芯片和现场可编程门阵列（Field Programmable Gate Array，FPGA）密码芯片两种形式。随着芯片技术的发展，现在又衍生出了基于片上系统（System on Chip，SoC）设计的专用密码芯片。

密码芯片的主要功能在于存储或固化带有密码的程序和密钥，此外，它还可作为实施某种密码算法功能的插件。密码芯片在数字安全领域的应用相当广泛，其中，第二代居民身份证芯片系统便是一个成功的范例。同时，密码芯片在银行卡、三网融合、智能电网及物联网等领域也发挥着至关重要的作用。随着后量子时代的到来，传统的密码算法是无法经受量子计算攻击的，未来开发安全性能高且抗量子攻击的密码芯片变得十分重要。

本书主要介绍关于密码芯片设计及实践的内容，读者可以通过本书全面地梳理密码芯片设计及实践的理论知识，系统地了解密码芯片的技术脉络，并且在需要某一特定技术时获得一定的帮助。本书共 8 章，第 1 章主要介绍信息安全基础知识、密码学基础知识及密码设备等；第 2 章主要讲解芯片设计基础知识；第 3 章介绍密码芯片的检测认证及量化评估，并详细讲解侧信道攻击的原理；第 4 章介绍对称密码芯片设计，并给出了实例；第 5 章介绍非对称密码芯片设计和实例；第 6 章基于国密的密码芯片设计，介绍国密算法芯片的设计思路；第 7 章介绍密码芯片的优化策略，包括密码芯片的结构优化和性能分析；第 8 章介绍密码芯片的研究热点及未来发展趋势,讲解目前针对密码芯片比较常见的攻击方式,以及新型密码芯片的设计思路。本书最后安排了相关的密码芯片实验,以及相关缩略语和术语。

限于作者水平,书中难免有不足,恳请专家读者批评指正。

目　　录

第1章

基本概念

1.1 信息安全基础知识

1.1.1 信息安全的发展现状

1. 信息安全的重要性

当今社会正处于信息时代，信息已逐渐成为评判一个国家综合国力的重要标准之一。与此同时，信息也成为推动社会发展的战略资源之一。一方面，信息技术的不断发展推动信息在社会中的地位不断上升；另一方面，有些人一直试图突破信息安全的防线。因此，利用计算机进行信息处理，确保信息资产的安全，防止信息遭受恶意拦截、篡改和损坏等至关重要，这样可以将损失降到最低。

信息安全关系到国家的安定和社会的稳定，各国相互争夺信息的开发、控制和利用也越发激烈。信息安全不仅攸关个人利益，还与整个国家利益有关。因此，必须采取强有力的措施来保障我国的信息安全。

2. 国内信息安全现状

近年来，我国信息安全产品市场规模迅速扩大，但缺乏真正的龙头企业，市场集中度较低。信息安全产品涉及服务提供商和信息安全系统集成商，二者形成了一个完整的信息安全产业链。

在产品方面，信息安全市场可以根据不同的分类方式划分为三大类：安全硬件、安全软件和安全服务，其中又细分为 12 个小类，涵盖了数百种产品。安全硬件包括安全应用硬件和硬件认证，主要产品包括防火墙、入侵检测防御系统、虹膜识别等。安全软件包括身份识别与访问权限、安全保障与漏洞检测、安全内容与入侵管理 3 方面，主要产品有网络应用防火墙、安全评估系统、数据泄漏防护系统、反垃圾邮件系统、安全管理平台、防病毒软件等。

目前，国内安全服务市场尚处于起步阶段，并且用户对信息安全服务的重要性尚未形成足够的意识，加上国内在这方面的产业投资相对较少，因此国内的安全服务市场仍有进步的空间。尽管我国已经建立了一些专门从事信息安全工作的高科技企业和研究机构，但仍需要意识到这只是信息安全产业发展的起步阶段，而非终点。当前，国内缺乏从事这一领域专业技术的人才，这已经给我国信息安全产业的发展造成了一定的影响。信息安全产业涉及个人至国家各个层面，包括政治、经济、社会工程等，因此具有巨大的发展潜力，必将为我国各个行业的可持续发展提供保障。

近年来，全球网络安全面临持续增加的威胁，各类网络犯罪和网络攻击不断涌现。网络犯罪组织将网络漏洞和攻击工具商品化，导致网络安全受到了更广泛的威胁。银行账户、信用卡、网络游戏账户等成为网络攻击的首要目标。尽管已经建立了严格的网络安全管理制度，并配备了专门针对内部业务网、企业办公网和涉密网中的终端设备，但这些制度在普通员工中的有效执行仍然面临挑战。对于这些问题，由于缺乏相应的技术手段，因此网络管理员通常无法解决终端设备安全问题。这些信息安全问题的出现推动了信息安全产业的迅速发展。

3．国际信息安全现状

从国际角度来看，随着信息安全逐渐上升至国家战略高度，国内相关产业得到了国家相关政策的大力支持。然而，数据统计显示，2021 年国内信息安全的投入占 IT 投入的比例仅约为 3.4%。与此同时，美国和欧盟在信息安全方面的投入占 IT 投入的比例均超过 15%。

首先，国内市场潜力巨大，行业预计将持续快速增长。近年来，频繁发生的网络安全威胁事件导致了大量经济损失，这些持续发生的网络安全威胁事件促进了国内信息安全产品的迅速发展。尽管目前国内在信息安全方面的投入比例相对较低，但相关政策的激励为未来国内网络信息安全市场的发展提供了乐观的前景。

其次，以集成开发类的产品和解决方案为主要开发对象。随着信息技术的进一步发展和网络环境逐渐多样化，网络攻击的方式开始丰富化和复杂化。随着人们对安全的需求提升，以往对于产品检测和防御的单一方法已不再适用。因此，软/硬件集成开发的产品和系统衍生出了这套多功能的产品。

与此同时，重要企业级客户（如政府、军工等）偏爱高端定制化的集成开发类产品。目前国内的信息安全企业仍然主要关注单点技术的产品开发，缺乏对综合性信息安全技术的全面发展。不过，相比于单一功能的产品，集成化产品和信息安全的解决方案在快速发展，预计未来将成为信息安全行业的主要驱动力。

最后，信息安全的发展方向是将云产业安全和大数据分析作为主要发展对象。互联网数据中心（IDC）提出的第三个信息技术平台将成为信息安全主流。也就是说，第三个信息技术平台的基础是云服务、大数据分析、移动网络和社交网络技术，核心是移动设备和应用。目前，国内互联网巨头百度、阿里巴巴、腾讯及电信运营商通过购置服务器、网络安全设备、安装虚拟化软件等方式提供云存储、云主机等相关增值业务。

1.1.2　信息安全的发展历史

20 世纪 60 年代末，信息安全开始被研究，由于当时的微型计算机结构相对简单，因此其范围相对较小。然而，随着时间的推移，计算机的性能迅速提高，计算机在每个家庭和机构中的使用也越来越普及。因此，信息安全问题也变得更加广泛，尤其在 20 世纪 80 年代之后。随着计算机网络在 20 世纪 90 年代的快速发展，人们开始在几乎所有方面应用并依赖计算机，这使得网络环境下的信息安全问题变得更加紧迫而需要解决。

1. 古典密码算法

古典密码算法是人类历史上最早出现的密码算法，曾被广泛使用，通常通过简单的计算就能实现加/解密。

（1）代换密码。

代换密码的原理是将明文中的每个元素映射为另一个元素，即更换对应的字符集。代换密码包含很多种类型，如单表代换密码、多表代换密码、多字母代换密码等。其中典型的单表代换密码就是恺撒密码（The Caesar Cipher）。据说恺撒大帝曾经使用一种初级的方法来加密他想要传达的信息，但是只有那些他认为有资格分享秘密的人才会被告知如何重新组合，以得到原来的信息。具体来说，就是按照字母表的顺序，每个字母依次被它后面的第 3 个字母替换。例如，A 换成 D、B 换成 E……W 换成 Z、X 换成 A，依次类推。这种简单的代替密码很容易被破译，攻击者可以使用"穷举式密钥检索"来破译，或者使用字母表的频率统计和密文字母的频率统计对比来破译。多字母或多表替密码相对来说难破译，但是通过计算机能轻易地找到代替的多字母或多表，从而很容易破译有着很长周期的代替密码。

（2）置换密码。

置换密码作为很早的加密算法，一般是指换位密码，即在原文字母保持不变的基础上打乱字母顺序。置换密码的原理是将明文中的元素重新排列，明文中的字符保持不变，进而对原文信息进行加密。加密方式是，首先把原文横向以相同宽度写下，然后纵向读出得到密文，解密方式反之。

2. 计算机安全

20 世纪 70 年代初期，David Bell 和 Leonard La Padula 提出了一种保护计算机操作的模型。该模型以政府对不同级别的分类信息和许可权限的概念为基础，如果某人的许可权限级别高于文件的分类级别，则他可以访问，反之则被拒绝。直到20世纪70年代中期，由于安全需求渐渐得不到满足，密码学才真正开始蓬勃发展。1977年，美国国家标准学会首次发布了数据加密标准（DES），并决定将其用于非军事国家机关。尽管数据加密标准已经淡出了人们的视野，但它仍然是目前使用最为广泛的密码算法之一。

同时，在20世纪70年代中期，Whitfield Diffie 和 Martin Hellman 率先提出了 Diffie-Hellman 密钥交换算法，并提出了非对称加密的构想，即公钥密码学。他们认为，传统的密钥加密方式无法满足未来的安全需求。随后，Ron Rivest、Adi Shamir 和 Leonard Adleman 开发的 RSA（以三人姓氏开头字母拼在一起组成的）算法为公钥密码学奠定了坚实的基础。

RSA 算法是一种非对称加密算法，是密码学的一个重要里程碑，它的出现标志着密码学从仅仅用于通信保密的研究逐渐向数据完整性、数字签名等方面的研究扩展。密码学的发展已经在多个安全方面变得不可取代，数据安全开始逐渐重要起来。

3. 信息安全

目前还未找到能一次解决所有问题的方法，理想的优秀方案应该是所有解决方案的综合，将所有概念放在一起构成信息安全。新环境下信息安全时代的到来必会促进信息安全产业崛起。随着密码学的不断发展和科学技术水平的不断提高，不断涌现出新的密码学概念并持续深入研究，如量子密码学、多方计算等，信息安全必将得到进一步发展。信息安全发展各阶段的特点如表1.1所示。

表 1.1　信息安全发展各阶段的特点

阶段	时间	安全威胁	安全措施
通信安全	20世纪40年代—20世纪70年代	搭线窃听、密码分析	加密
计算机安全	20世纪70年代—20世纪90年代	非法访问、恶意代码、脆弱口令等	安全操作系统设计技术
信息系统安全	20世纪90年代	网络入侵、病毒破坏等	防火墙、漏洞扫描、VPN（虚拟专用网络）等
信息安全保障	20世纪90年代至今	黑客、恐怖分子、信息战、自然灾害等	技术体系、管理体系、人员培训/教育等

1.1.3　信息安全的基本概念

在了解信息安全之前，要先了解信息的概念。信息（Information）是经过加工（获取、推理、分析、计算、存储等）的特定形式数据，是物质运动规律的总和。信息的主要特点是具有时效性、新知性和不确定性。

信息安全是指保护信息网络的硬件、软件及其系统中数据的完整性和机密性，保证其不会被恶意入侵复制、更改。

1. 信息安全的 4 个层次

在信息系统中，确保信息安全需要从多个维度综合考虑，包括信息设备安全、数据安全、内容安全及行为安全。信息系统的硬件结构及其操作系统安全是信息系统安全的基石，而关键技术则包括密码和网络安全等。为了确保信息系统的安全，安全措施需要从信息系统的硬件和软件底层方面入手，只有这样才能够更有效地保障信息系统的安全。

（1）信息设备安全。

信息设备安全是信息系统安全的重要组成部分，必须得到足够的重视和保护，以保障信息系统的稳定运行和安全。

① 设备的稳定性：设备在一定时间内不出现故障的概率。

② 设备的可靠性：设备在一定时间内正常执行任务的概率。

③ 设备的可用性：设备随时可以正常使用的概率。

（2）数据安全。

数据的机密性、完整性和可用性是数据安全的 3 个基本要素。尽管信息系统设备未受到损坏的表面看起来可能安全，但数据安全可能面临着多种形式的威胁，如数据篡改、数据泄漏等，通常展现出极高的隐秘性，使得数据用户通常难以察觉其存在，由此导致的危害极为严重。

（3）内容安全。

内容安全是基于法律、政治、道德层次上的要求。

① 信息内容必须符合政治要求。

② 信息内容必须遵循国家相关法律法规。

③ 信息内容符合中华民族传统美德和道德规范。

内容安全的范畴很广，其中包括信息的机密性、隐私保护、知识产权保护、信息隐藏等多个方面。因此，要确保内容安全，必须在保障信息系统设备和数据安全的基础上采取相关措施。

（4）行为安全。

数据安全是一种以保护数据的静态完整性、机密性和可用性为目的的安全，而行为安全则是以预防未经授权的行为和响应潜在威胁为目的的一种动态安全。

① 行为的秘密性：必要时，行为的过程和结果应予以保密，同时要在数据保密情况下

运行。

② 行为的完整性：在行为的过程和结果中，必须保证数据的完整性，同时，行为的过程和结果也应符合预期。

③ 行为的可控性：在行为的过程中，如果发生意外情况，则应及时发现问题、控制情况不会进一步恶化，并及时进行修改。

2. 信息安全的目标

信息安全的目标是保护信息的机密性（Confidentiality）、完整性（Integrity）和可用性（Applicability），即 CIA，构成传统的信息安全三要素。

（1）机密性：保证窃听者不能阅读发送的信息。这针对的是防止对信息进行未授权的"读"。

（2）完整性：接收者要保证信息在传送过程中的安全性，并对信息的完整性进行验证；入侵者不可能更改或替换正确信息。这里的首要问题是杜绝或至少检查数据是否被修改。

（3）可用性：不仅可以向终端用户提供有价值的信息资源，还可以在系统遭受破坏时快速恢复信息资源，以此来满足用户的使用需求。

构建安全系统时面临的一个挑战是在这三要素之间找到平衡点，因为它们经常存在矛盾。然而，平衡并不是唯一的考量因素，实际上，这三要素既可以独立存在，又可以相互重叠。

除此之外，不可否认性（Non-Repudiation）和身份确定性（Authenticity）也常被纳入考察范围。

（1）不可否认性：发送者事后不可能虚假地否认其发送的信息。

（2）身份确定性：发送者和接收者应该能够彼此确认身份，入侵者无法破坏、伪装。

1.2 密码学基础知识

1.2.1 密码学的历史与基本概念

密码学是确保信息安全的关键技术之一，具有机密性、完整性、可用性和不可抵赖性4 个基本特征。密码学主要分为编码学和分析学。编码学的主要目标是通过对信息进行编码来实现对信息的隐藏和保护，而分析学的主要目标则是通过对密文进行解密来获得相应的明文，二者一起推动密码学的发展，同时，二者相对独立、相互依赖。

密码学作为一种技术或一门学科，在诞生的伊始就具有很强的实用性。从古至今，密码学就和政治、军事、外交等领域密不可分。密码技术在战争中扮演着重要的角色，这一点在古代历史和现代历史中都有体现。在第一次世界大战和第二次世界大战中，密码的成功破译为协约国和盟军的胜利做出了重大贡献。现代战争更像是一场数学家之间的战争，因为战争胜利的关键之一往往取决于对敌方机密信息的截获、快速解码，以及我方机密信息的高度机密性。

当今时代，全球正经历一场以信息化与网络化为核心的发展浪潮，这一趋势推动着我国迈向现代化国家的步伐。信息资源的深度挖掘与利用，以及政府治理、金融财税、企业运营等领域的数字化转型在全国范围内广受青睐。然而，随着计算机网络的开放性和共享性日益增强，其安全问题也随之成为公众日益关注的焦点。大量数字数据被存储于各类计算机数据库中，并在错综复杂的通信网络间进行高效传输，这无疑为信息安全带来了前所未有的挑战与压力。为了防止数据在传输过程中被截获而泄漏，或者在存储过程中被提取或复制，使用安全技术保护数据非常重要。密码是保证信息和网络安全的核心技术。电子邮件安全协议和VPN 等有关应用都需要密钥分配与密码算法。也就是说，随着社会信息化和商业发展的不断加速，信息安全的重要性越来越凸显，密码学的应用也越来越广泛。

现代密码学由香农创立。1949 年，香农发表的 *Communication Theory of Secrecy System*（《保密系统的通信理论》）首次将密码学研究和数学相结合，自此产生了现代密码学的理论基础，证明了一次一密（One-Time Pad）的密码系统是完善保密的（Perfect Secrecy），促进了对于流密码的研究和应用。一次一密的密钥是互相不重复的真随机数，每个密钥只能使用一次。发送者加密发送消息并销毁已使用的密码本部分，接收者有一个与发送者一样的密码本，用相应的密钥解密密文，解密后同样销毁已使用的密码本部分。香农的论文还提出了关于密码设计应遵循的两个规则：扩散（Diffusion）和混淆（Confusion），并证明了消息冗余使得密码破译者统计分析成功的理论值（唯一解距离）。这些理论至今仍旧是密码学的基础。

密码学有一个重要的基本原则：除密钥外，密码系统的内部工作原理对于所有人都是公开透明的，这就是 Kerckhoffs 原则。理想密码系统的目标就是确保没有密钥就无法解密。也就是说，即使攻击者完全了解密码系统的算法和其他信息，也无法在没有密钥的情况下对密文进行解密而得到明文。

在计算机出现之前，密码学主要由基于字符的密码算法构成。这些密码算法通常涉及字符之间的代换（Substitution）或置换（Permutation）操作。无论密码算法多么复杂，其原理也没有变化。因此，大多数优秀的对称密码算法仍然是代换和置换操作的组合。

代换是指明文中的每个字符都被替换成密文中的另一个字符，接收者对密文进行逆变换，就可以得到明文。

在置换中，明文的字母始终保持不变，只是顺序被打乱。在古希腊，文书记载着斯巴达人用密码棒来进行军事信息的传递。密码棒是一种可使得所传递信息的字母顺序改变的工具。如图 1.1 所示，将一张羊皮纸缠绕在一根棍子上，沿着轴向书写，取出羊皮纸后，只能看到不相关的字符，接收者只能用与发送者同样的方法才能读出内容。这种方法的优点是快速且不容易解读错误，这使得它在战场上很受欢迎。但是它也存在着容易被破译的问题，因为这种方法会在编码文中保留一些容易"联想"或提供"提示"的字眼，所以在编码明文时，必须去除或替换一些敏感的词汇。很多现代密码系统也采用了置换操作，但在对存储有要求的情况下，通常会选择代换密码。

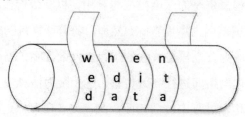

图 1.1　置换操作

密码学是探究信息保护的学科，涉及信息传输的数学研究。目前，密码学被认为是数学和计算机科学的一个分支，与信息论有密切关联。知名密码学家 Ron Rivest 曾经指出，"密码学的目标是在敌方存在的情况下，实现安全通信的技术和方法"，这也是密码学与纯数学的区别。密码学的主要目标是保护信息的机密性、完整性和可用性，以防止未经授权地访问、篡改和拒绝服务攻击。同时，密码学的研究和应用也推动了计算机科学的发展。密码学也广泛应用于人们的日常生活中，包括计算机用户访问密码、ATM 芯片卡、电子商务等。密码学是一种把消息编码，使其不可读，从而获得安全性的艺术与科学。密码学的基本思想是通过对数据进行可逆的数学变换来伪装信息。

在密码学中，没有加密的信息称为明文（Plaintext），可以将人类语言中的通信都视为明文，即可被任何了解该语言的人理解，不需要进行任何编码。但是在日常生活中，有时需要保守秘密，于是会对明文进行某种方式的重新编码，从而得到密文，明文经过加密后称为密文（Ciphertext）。从明文到密文的变换过程称为加密（Encrypt），通常将明文变为密文有代换和置换两种方式。相反，从密文恢复为明文的过程称为解密（Decrypt）。密钥（Key）是加密和解密的关键，通常用来配置密码系统，以实现加密和解密，在确定了密钥之后，就可以得到对应的加密变换和解密变换。图 1.2 展示了加/解密过程。

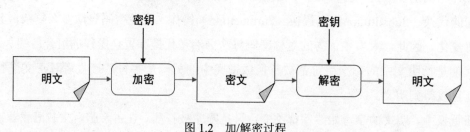

图 1.2　加/解密过程

需要特别注意的是，数据安全是基于密钥而不是算法保密的。换言之，对一个密码体制来说，它的算法是可以公开的，让所有需要的人使用和研究，但对具体某次加密过程中使用的密钥来说是保密的。如果把加密和解密算法当作一个函数，那么密钥就相当于函数中参数的具体取值。其中的函数类型、计算方式可以公开，但具体加密时使用的参数是保密的。

1.2.2　密码体制的分类

密码体制可以按照不同的方法进行分类。根据加密方式，可以将其分为流密码体制和分组密码体制；根据是否可以进行可逆加密变换，可以将其分为单向函数密码体制和双向函数密码体制；根据是否注入客观随机元素到加密过程中，可以将其分为确定型密码体制和概念型密码体制。另外，根据密钥进行分类是最常用的分类方法，根据解密过程和加密过程能否互相推导，可以将密码体制分为对称密码体制和非对称密码体制。

目前，密码学的研究主要基于数学密码理论和技术。对称密码（也称私钥密码）体制和非对称密码（也称公钥密码）体制是现代密码学研究的两大主要方向。下面分别对这两类密码体制进行简要介绍。

1．对称加密与非对称加密

对称密码体制是一种传统密码体制。在对称加密算法系统中，加密和解密的密钥一致，因此二者可以互相推导。于是，在对称密码体制中，拥有加密能力就意味着拥有解密能力。对称加密算法的优点在于其具有计算开销小、加密速度快及高保密强度等特点，因此其目前广泛应用于信息加密领域。

由于对称密码体制中的加、解密密钥一样，因此需要在双方互相信任的前提下使用同样的密钥进行通信，保证数据的机密性和完整性。按加密方式分类，对称密码分为分组密码（Block Cipher）和序列密码（Stream Cipher）两种。在分组密码中，明文被分为固定长度的块，并分别加密。在序列密码中，明文被逐字符或逐比特加密。序列密码通过明文序列和密钥序列的某种运算生成输出序列，从而达到高效的加密效果。

非对称密钥加密（Asymmetric Key Cryptography）也被称为公钥加密（Public Key Cryptography），它基于一对密钥，其中一个密钥（称为公钥）用于加密，另一个密钥（称为私钥）用于解密。只有拥有匹配的密钥才能解密该消息，其中包含用于加密的公钥。通信方只需拥有一对密钥，就可以和其他多个通信方进行通信。非对称加密算法主要包括背包算法、RSA、D-H、ECC（椭圆曲线密码学）、Elgamal、Rabin。

非对称密码体制具有复杂的算法强度，其安全性依赖算法与密钥。虽然非对称密码体制的加/解密算法比对称密码体制的复杂，但它的安全性更高。对称密码体制中只有一种密钥，因此必须通过安全通道传输密钥以确保其安全性；而非对称密码体制则包含两种密钥，其中一个是公开的，因此不需要传输对方的密钥，大大提高了其安全性。

实现信息安全的 4 个基本特征的重要手段是进行加密、签名。在当前的加密算法中，对称加密是使用最多的加密方式，也可称为常规加密，使用一个循环结构迭代加密。目前国际上常用的对称加/解密算法包括数据加密标准和高级加密标准（AES）。

在对称密码体制中，确保消息的安全交互需要通信双方共享同一个密钥。保护这个密钥不被其他人获取是至关重要的，因此需要采取措施来确保密钥的安全性。此外，为了增强密文的安全性，密钥需要定期更换，以减小攻击者获取密钥后所能窃取的数据量。因此，密钥分配技术在密码系统中扮演着非常重要的角色。

对于通信双方，密钥分配技术通常有以下两种。

（1）由通信双方的其中一方选择密钥，通过物理手段或加密通道将密钥传输给另一方。

（2）第三方选择密钥，加密后发送给通信双方。

无论采用上述哪种密钥分配技术，密钥分配过程始终面临密钥泄漏的风险，因为对称加密技术使用同一个密钥用于加密和解密。如果通信双方的任意一方泄漏了密钥，那么整个加密系统的安全便会受到威胁。在这种情况下，可以考虑使用非对称加密技术。非对称加密和对称加密各有其重要性，虽然它们都可以用于加密，但非对称加密更常用于消息认证和密钥分配。1976 年，非对称加密的提出在密码学史上具有划时代的意义。该加密技术基于复杂的数学原理。它在机密性、密钥分配和身份认证等领域具有深远影响。图 1.3 所示为非对称加密示意图。

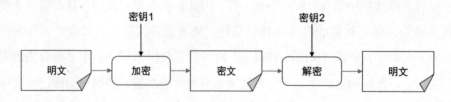

图 1.3　非对称加密示意图

在非对称加密方案中，所有的信息交互当事人都能够访问公钥，而私钥则由每个当事人在本地产生，不进行分配。只要用户对私钥进行安全保护，通信就是安全的。而且用户可以改变私钥，并公布相应的公钥以替代旧的公钥。关于非对称加密，有以下几个常见的误解需要澄清。

（1）"从密钥分析的角度来看，非对称加密相比于对称加密更加安全。"事实上，任何密码系统的安全性都依赖密钥的长度和破解密钥的计算工作。从抵抗密码分析的角度来看，还没有能证明非对称加密比对称加密更加安全的理论出现。

（2）"非对称加密是通用技术，人们少有继续使用对称加密的。"事实上，非对称加密的计算开销比对称加密的计算开销大得多，因此在计算资源有限的情况下，对称加密仍是首选。

非对称加密需要独有的协议（通常会需要一个中央代理），密钥分配过程并不简单。

根据具体的应用场景，具体选择只使用公钥、只使用私钥，或者两者都使用。非对称加密系统的应用分为以下几类。

加/解密：如果你将你的公钥放在互联网上，那么任何人只要接入了互联网，就能够为你加密一条消息，而不必对该密钥做任何事先的安排。这与对称密钥加密是截然不同的。对称加密在实施之前必须由参与方事先协商出共同的密钥。

数字签名：非对称加密技术还有一个有些出乎意料但确实非常有用的特性，这源自在非对称加密技术的世界里没有等价的对等密钥。乍一看，使用私钥的加密貌似毫无用处，但是这实际上可以作为一种数字形式的亲笔手写签名——任何人都可以验证这个签名，但是只有签名者才有可能创建出这个签名。

值得注意的是，非对称加密技术并没有彻底消除密钥分配的问题，因为私钥必须在合适的使用者手上，而绝不能让其他人获得。

2．分组密码与流密码

分组密码体制是目前在商业领域比较重要的一种加密体制，它广泛地应用于数据的保密传输、加密存储等场合。在采用分组密码体制对明文进行加密时，首先把明文分成长度相同的小组，然后对每组分别进行加密。由于加/解密算法无所谓公开或保密，因此依靠密钥来保障分组密码的安全性。

分组密码是现代密码学中的一个重要研究分支，它采用数学模型对明文数字进行分组、划分等长序列。当前，分组密码的研究仍在不断充实和发展。研究人员正致力于加强现有算法及其工作模式的安全性，设计更安全的密码组件，开发可证明其安全的密码算法，以及测试密码算法的安全性。这些都是分组密码目前的研究重点，而随着技术的进步和攻击手段的不断升级，密码学研究领域也需要不断发展。

分组密码算法就是在密钥控制下，利用变换操作实现对原文分组的加密变换。为了确保密码算法的安全性，要求分组长度足够大、密钥量足够大、密钥变换足够复杂。这些措施可以提高密码算法的保密强度，使其更难受到攻击。分组密码算法的优点是明文信息良好的扩展性，对插入的敏感性，不需要密钥同步，较强的适用性，适合作为加密标准；缺点是加密速度慢，错误容易扩散和传播。

流密码是对称密码算法的一种，又称序列密码。它具有实现简单、便于硬件实现、加/解密处理速度快、错误传播范围小等特点。因此，在无线通信和外交通信等实际应用中，尤其在专用或机密机构中，流密码显示出显著的优势。1949 年，一次一密安全性的证实为流密码的发展奠定了基础，即流密码是以一次一密为基础发展来的。

一次一密的密钥随机，其长度与明文的长度相同，密钥越长越安全，但长密钥的存储和分配都很困难。流密码可以针对每个明文选用不同的密钥进行加密，主要原因是其能够根据密钥流发生器和原始密钥得到新的密钥。如果使用与消息流长度相同的真正随机产生的二进制序列，相当于使用一次一密的密码机制，就能够做到真正的难以攻破。

流密码中的密钥流由密钥流发生器产生：$z_i=f(k,s_i)$，这里的 s_i 是加密器中存储器（记忆元件）在 i 时刻的状态。根据 s_i 是否依赖明文字符，流密码可进一步分成同步和自同步两种。如果 s_i 独立于明文字符，则称为同步流密码，否则称为自同步流密码。

对于密码算法的分类，除了根据密钥的对称性，还可以根据明文的处理方式。如果对明文包含的元素（如字母、二元数字等）进行加密，则称为流密码或序列密码；如果对明文包含的元素先分组（每组含多个元素，如多个字符、一帧图像等）后加密，则称为分组密码。

在流密码加密中，要生成密文，需要首先使用具有 n 位长度的密钥，并将其延展至符合需求的长密钥流中；然后对其与明文字符按位进行异或运算。从密文消息变换成明文消息，需要以相同的密钥流做异或变换。目前采用这种相对较短的密钥在获得更好的可管理性的同时，牺牲了部分可证明安全性。另外，密钥流的随机性和不可预测性直接决定了序列密码的安全性。如果要达到理论上不可破解的一次一密，就需要大量的密钥来实现真正的随机序列。现在通常使用伪随机序列作为密钥序列。伪随机序列的循环周期只有足够长，才能得到较好的隐秘性。

流密码体制的一个优点是每比特密文数据与其他密文比特无关。这样，即使一个密文位发生了错误，对整个数据段的影响也不大。流密码加/解密速度很快，应用较普遍，如 GSM 网络中的数据加密算法。但是流密码需要保持收发两端密钥流的精确同步。可以从两个方面描述分组密码的不足之处：第一，明文的结构能够反映在密文的结构中；第二，分组加密在防御各种恶意攻击方面存在一定的局限性。但分组密码的缺点可以通过采取一些措施来预防。

此外，在大部分分组密码加密方案的设计中，密文都是通过一个轮函数 F 对明文进行若干轮迭代计算得到的，这个轮函数 F 依赖预先一轮的输出结果和密钥。要想开发出既高效又安全的分组密码加密方案，非常依赖密码专家的缜密思考。

序列密码方面，我国学者很早就开始了研究工作，其中有两项成果值得一提。

（1）在多维连分式理论的帮助下取得了成功，解决了多重序列中的很多重要基础问题和一系列国际难题。

（2）曾肯成在 20 世纪 80 年代首次提出了环上导出序列的概念。随后，戚文峰教授团队在环上本原序列压缩保熵性方面取得了一系列研究进展。

何时选用流密码或分组密码应该由具体应用场景决定，因为它们有各自的优点和缺点。

1.3　对称加密算法

对称密码分为流密码和分组密码。其中，流密码算法具有运算量小、加密速度快等特点，因此它非常适用于计算资源受限的应用场景，如智能手机、嵌入式系统、物联网设备等小型设备。这些设备通常具有有限的处理能力和存储容量，使用流密码可以在保证安全性的同时减轻计算和存储的负担，提高系统的效率和性能。流密码中使用广泛的算法主要有两种，一种是常用作 GSM 手机标准一部分的 A5/1 算法，主要提供语音加密功能；另一种是 RC4 算法，主要用于加密 Internet 流量。RC4 算法可适用于多种场合，包括 SSL 协议和 WEP 协议，与基于硬件实现的 A5/1 算法不同，RC4 算法的设计非常有利于软件的高效实现。

流密码曾经在 20 世纪 50 年代后的相当长一段时间内占据主流地位，因为人们认为流密码比分组密码更高效。软件优化的流密码的高效率意味着加密明文中的一位需要的处理器指令（或处理器周期）更少。从流密码硬件优化的角度来看，当两者处于相同加密数据率的情况下，流密码的高效率意味着它具有更低的延迟和功耗。

然而，在软件实现上可以观察到，分组密码（如 DES、AES 等）也常能表现出优秀的性能。此外，诸如 PRESENT 等分组密码算法同样可以在硬件实现上有很好的表现。实际上，比起对流密码的应用，现实生活中对分组密码的应用更广泛一些，特别是用于互联网中对计算机之间的通信进行加密。不仅如此，从内部实现的角度来看，流密码的加密过程仅仅使用了扰乱原则，在提高密钥的可管理性的同时牺牲了密钥可证明安全性，而分组密码在加密过程中则同时兼顾了扰乱和扩散两个原则，大大加强了密钥的安全性。下面着重讲解 DES 及 AES 两种算法的原理。

1.3.1　DES 算法

DES 算法的设计基于 Lucifer 密码，这是 IBM 公司研制的一种 Feistel 密码方案，该方案经由美国国家标准学会选取并联合美国国家安全局（National Security Agency，NSA）进行研究和改进得到 DES 算法。美国国家标准学会和 NSA 于 1977 年将该算法公布并将其作为数据加密标准应用到非机要部门。多年来，它从未在重要保密通信的舞台缺席过，可以说，它在密码学界留下了永不磨灭的足迹。

经典的 DES 算法的一个特点就是将数据划分为 64 位的分组，继而实现对数据的加密。同时，在利用 DES 算法对数据进行加密和解密的过程中，均使用相同的算法。而实际上，DES 算法的密钥长度并没有 64 位，通过将 8 位中的最后 1 位用作奇偶校验位，密钥长度最终变成 56 位。当然，通过该方法有极小的概率产生一些被认为是易被破译的弱密钥，但是经过精心设计，可以避开这些弱密钥，因此，DES 算法的密钥在很大程度上决定了其机密性。值得一提的是，Lucifer 密码方案的密钥长度为 128 位，而 DES 算法事实上只有 56 位，人们曾经怀疑 NSA 故意插手减弱 DES 算法的加密方案，然而，后来经过密码分析，表明仅有 56 位的 DES 算法可能与具有更长密钥的 Lucifer 密码方案具有大致相同的安全强度。

对 Lucifer 密码方案做出的修改是使用代换盒（Substitution Box），简称 S-box，在 DES 算法中，每个 S-box 将 6 个二进制位映射为 4 个二进制位。下面简单讲解一下 DES 算法的框架。

首先，生成一套用于加密明文的密钥。将从用户那里取得的 64 位的密码口令通过等分、移位、选取和迭代等一系列处理生成一套密钥量为 16 的加密密钥，用于接下来的每轮迭代运算。

然后，对分组后的 64 位明文 M 施加一个初始置换 IP，将 M 转变成 m_0，并将 m_0 平分成一左一右两部分，得到 $m_0 = (L, R)$。进行迭代运算时，总共需要进行 16 轮，且每轮迭代运算完全相同。在每轮迭代运算过程中，新的左半部分（L）、右半部分（R）分别依如下规则计算生成：

$$L_i = R_{i-1}$$
$$R_i = L_{i-1} \oplus F(R_{i-1}, K_i)$$

其中，$i = 1, 2, \cdots, 16$，表示迭代轮数；K_i 表示由会话密钥执行规定的密钥扩展算法导出的子密钥；F 表示轮函数，在大多数分组密码加密方案的设计中，密文都是通过用轮函数 F 对明文进行若干轮迭代运算产生的，轮函数 F 在每轮迭代运算过程中将数据与相应的密钥结合。轮函数 F 可以表示为

$$F(R_{i-1}, K_i) = \text{P-box}\left(\text{S-box}\left(\text{Expand}(R_{i-1}) \oplus K_i\right)\right)$$

在每轮迭代运算过程中，都要首先将移位操作应用到密钥上，然后对 56 位长度的密钥进行压缩，得到长度为 48 位的子密钥。与此同时，对数据的右半部分施加扩展置换操作，将 32 位的数据扩展到 48 位，并对该 48 位数据和上一步得到的 48 位子密钥进行异或操作，得到新的 48 位数据。随后，将数据进一步压缩置换成 32 位，这一步主要是通过 8 个 S-box 实现的，最终经置换盒（P-box）得到 32 位数据。以上几步运算构成了轮函数 F。接下来使用另一个异或运算将轮函数 F 的输出与左半部分结合并将其输出结果作为下一轮迭代运算的右半部分；而原来的右半部分则直接保留下来，并用作下一轮迭代运算的左半部分。以上操作总共要进行 16 轮。

　　经过上面所描述的 16 轮迭代运算过程，在数据的左半部分和右半部分合在一起后的结果上施加末置换操作，就可以实现整个加密过程。DES 算法加密流程如图 1.4 所示。

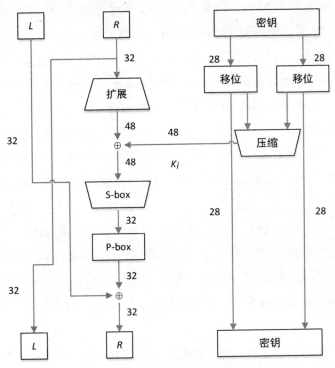

图 1.4　DES 算法加密流程（单位：位）

　　在过去 30 年的大多数时间里，DES 算法一直是主流的分组密码加密算法，但是，由于它的密钥空间相对来说比较少，导致其安全性受到了考验。1988 年，电子前沿基金会（Electronic Frontier Foundation，EFF）构建了一台成本不到 25 万美元的名为 Deep Crack 的机器，这台机器能够在 56 个小时内使用蛮力攻击破解 DES 算法，因此可以认为，对于有意攻击使用 DES 算法加密的信息的攻击者，DES 算法已经不算是安全的加密算法了。另外，随着硬件开销的持续减少，DES 算法蛮力攻击所需的成本也随之降低。2006 年，来自德国波鸿鲁尔大学和基尔大学的一个研究学者小组基于商业集成电路构建了 COPACOBANA（Cost-Optimized Parallel Code-Breaker），该机器可以在平均不到 7 天的时间内破解 DES 算法，这项工作引人注目的部分在于构建该机器所花费的成本仅仅只有 1 万美元左右，这也意味着破解 DES 算法的成本已经降到很多人可接受的范围。

　　此外，针对 DES 算法的密钥空间太小的问题，分组密码加密算法出现了一种基于 DES 算法方案的流行变体，即三重 DES（3DES）算法。3DES 算法连续 3 次对数据进行加密，能够将密钥空间扩大到 112 位，得到比 DES 算法安全得多的密码，该方法在今天仍被广泛地应用于多种场合。不过，3DES 算法也在逐渐退出舞台，因为更好用、安全性更高的高级加密算法及其他现代加密方案已经开始出现。

1.3.2 AES 算法

DES 算法的密钥长度为 56 位，因此算法的理论安全强度是 2^{56}。但人们还是低估了计算机发展的速度，从 20 世纪中后期开始，随着元器件越来越精良，计算机的算力也得到了飞速发展，这间接导致了 DES 算法的安全性失去了保障。1997 年 1 月 2 日，美国国家标准与技术研究院（National Institute of Standards and Technology，NIST）决定征集能够代替 DES 算法的新的加密方案——AES，即高级加密标准。这个征集活动被全球密码工作者广泛关注并提交方案。经过评估和筛选，最终选出 5 个候选算法纳入考虑范围，它们是 RC6、MARS、Serpent、Rijndael 和 Twofish。最终经过安全性分析、软/硬件性能评估等严格的步骤，在 2000 年 10 月 2 日，NIST 宣布将 Rijndael 作为 AES 的最终方案，1 年后，AES 被正式批准成为美国联邦标准。

Rijndael 是由 128、160、192、224、256（位）5 种分组长度组成的一个分组密码算法族，其密钥长度也与这 5 种分组长度对应。但是经过筛选，最终 AES 选定了 128 位的分组长度，搭配上 128 位、192 位和 256 位 3 个长度的密钥。因为 AES-196 和 AES-256 的思路与 AES-128 的思路基本一样，所以掌握其中一个就掌握了其他两个。下面重点结合 AES-128 对 AES 算法进行介绍。

AES 算法主要通过轮密钥加（AddRoundKey）、列混淆（MixColumns）、行移位（ShiftRows）和字节替换（SubBytes）4 种不同操作对数据进行 AES 加密。AES 算法加密流程如图 1.5 所示。值得一提的是，将 AES 算法的加密操作逆转过来就成了 AES 算法的解密操作，即加/解密运算的顺序正好是相反的。根据上述几点，AES 算法加/解密过程的正确性得到了保证。可以利用密钥扩展算法，通过种子密钥生成加/解密过程中所需的每轮密钥。

下面简单介绍每层的主要作用。

（1）轮密钥添加层：轮密钥将与状态进行异或运算。其中，轮密钥（或子密钥）由主密钥产生，每轮 128 位。

（2）字节替换层：利用 S-box 对状态中的每个元素进行非线性变换。这种方法使数据应用了混淆操作，让它增加了安全性，当有人试图对单个状态位进行篡改时，这种篡改会迅速扩散到其他位，增加了篡改被检测到的可能性。

（3）行移位变化层：在位级别进行数据置换。

（4）列混淆变换层：主要是对长度为 32 位的分组数据进行混淆。

与 DES 算法类似，AES 算法的密钥编排也从原始 AES 算法密钥中计算出轮密钥或子密钥（$k_0, k_1, \cdots, k_n$）。

因为 AES 算法的密钥长度更长，设计思路更复杂，所以单纯依靠蛮力攻击来破解 AES 算法基本不可能实现，因此攻击者主要采用分析攻击来试图破解 AES 算法，而分析攻击手段的复杂度依然很高。Sean Murphy 和 Matthew J. B. Robshaw 曾给出了分析攻击相关的简单代数描述，而这些描述反过来也引起人们对攻击的思考，而接下来的研究表明，实际上这样的攻击是不可行的，因此人们普遍认为 AES 算法是非常安全的。除分析攻击外，还有很多可能的攻击方式被提了出来，如平方攻击、不可能差方分析和相关密钥攻击等。

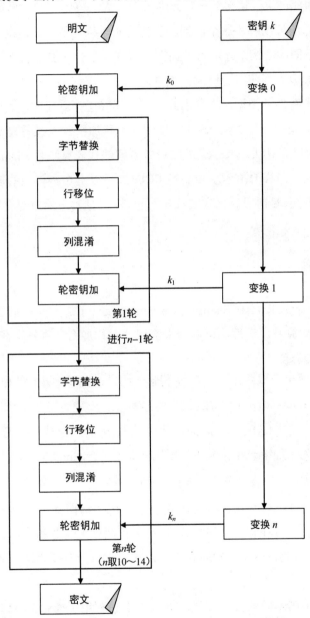

图 1.5　AES 算法加密流程

　　在应用方面，AES 算法不仅被美国政府采纳并广泛应用，还应用在很多商业系统中，基于消息认证的原理，将 AES 算法应用于电子商务交易系统的安全协议。此外，数据库加密、智能卡信息保护、门禁系统等也都是 AES 算法的应用场合。

1.4　非对称加密算法

对于一个对称加密算法，其需要具备加/解密使用相同的密钥和加/解密函数具有相似结构两个基本要素，由此产生了诸多问题，其中一个令人头疼的问题就是如何安全地分配对称密钥？另一种加密算法可以解决这个问题，那就是非对称加密算法，也称非对称算法。在此技术中，包含两个不同的密钥，分别用于加密和解密。非对称加密技术在现实世界中具有很多应用案例，其中大多数都获得了巨大的成功。

非对称加密技术有多种类型，分类依据主要是其底层计算问题，大体如下：整数分解方案、离散对数方案、椭圆曲线方案。各种类型的非对称加密技术又各自衍生出自己的代表算法：整数分解方案的代表算法是 RSA，离散对数方案的代表算法是 Elgamal，椭圆曲线（EC）方案的代表算法是椭圆曲线 Diffie-Hellman（ECDH）。以上 3 种类型的加密方案都是经过时间检验的成熟加密方案，目前没有已知的攻击可以破解它们。下面重点介绍 RSA 算法和 ECC 算法。

1.4.1　RSA 算法

1977 年，3 位数学家 Rivest、Shamir 和 Adleman 设计了一种以他们 3 个人名字的首字母命名的算法——RSA 算法。该算法可以用来实现非对称加密。直到现在，RSA 算法仍是广泛使用的非对称加密算法。

建立 RSA 需要随机获取两个大质数 p 和 q，计算 $n = p \times q$ 并计算欧拉函数 $\phi(n)$，选取互质的 d 和满足 $d \times e(\bmod \phi(n)) = 1$ 的 e。

RSA 算法的公钥是由 (e, n) 对组成的，私钥是由 (d, n) 对组成，加密时使用 (e, n) 对，解密时使用 (d, n) 对。为了加密一个消息 P，可以计算 $C = P^e (\bmod n)$，这里的 C 就是需要的密文；反过来，若想对密文 C 进行解密，则只需利用公式 $P = C^d (\bmod n)$ 进行计算即可。

RSA 算法的安全性依赖底层的数学困难问题，这一依据基于欧拉定理和计算复杂性理论。显然，可以得到以下论断：可以非常容易地求得两个大质数的乘积，这个乘积有时通过手算就能计算出来，但是反过来，假如要将它们的乘积重新分解为两个质数因子，那么其难度会呈几何倍数增长。

RSA 算法可以采用不同的技术实现，这是由于它利用了模运算的基本性质和模幂运算的特点。例如，R-L 二进制快速算法，在该算法的实现过程中，模幂运算由两种运算组成，即模乘和模方。当密钥二进制位 e 为 1 时，需要进行一次模乘运算和一次模方运算；当 e 为 0 时，只需进行一次模方运算。

考虑到目前计算机具有的运算水平，当采用 RSA 算法加密时，其中的关键是要保证所挑选的密钥具有足够的位数，要达到被认为是无法破解的程度，起码需要选择 1024 位的密钥，有时甚至要达到 2048 位。由此也可以得到一个结论：采用 RSA 加密方案带来的幂运算量非常大，成本也非常高，因为 RSA 算法中使用的密钥长度越长，其加密强度就越高，但是也会导致运算速度变慢，这就成为 RSA 算法应用和发展的制约。

RSA 算法面临的攻击种类主要为协议攻击、数学分析攻击和侧信道攻击。除此之外，RSA 算法还具有一个不可取的被称为延展性（Malleable）的属性。假如攻击者能够将密文转变成另一种密文，而新密文有可能变得可知，那就意味着这种密码方案具有延展性。当一个密码方案具有很强的延展性时，攻击者不需要对密文进行解密就能够以一种可预测的方式操纵明文。

解决上述问题的一个可能方案就是使用填充（Padding）方法，它在加密明文前将一个随机结构嵌入明文来避免上述问题。填充方案非常重要，如果填充方案实现得不好，那么 RSA 算法实现也会不安全，这也是实际使用 RSA 算法常用的方法，一种推荐的填充方案是最优非对称填充（OAEP）。

前面提到，RSA 算法是基于整数因式分解问题提出的加密方案，除 RSA 算法外，还存在一些其他基于因式分解的算法，其中 Rabin 算法是比较知名的。Rabin 算法与因式分解等价，这点刚好与 RSA 算法相反。因此，Rabin 算法可以被称为是可证明安全的。其他类似原理的加密方案还有概率加密方案。此外，伪随机数生成器虽然不属于加密方案，但在密码学中用于生成加密过程中所需的随机数，是非常重要的基础工具。

1.4.2　ECC 算法

ECC 即椭圆曲线密码学。虽然 ECC 使用了较短的操作数，但在安全等级上，它能提供和 RSA 算法或离散对数系统相同的安全性。这是因为它是一种基于椭圆曲线上的离散对数问题的推广的非对称密码加密算法。ECC 算法虽然是 3 种不同的非对称加密算法中最新的一种，但实际上，EC 的使用在密码学中最早可以追溯到 1985 年。

20 世纪 90 年代，ECC 作为一种新兴的非对称加密算法，引起了广泛的研究和探讨。很多专家和学者都对其安全性和实用性进行了深入分析与对比，特别是与当时已经成熟的 RSA 等非对称加密算法进行了比较。经过一段时间的研究和探讨，人们逐渐意识到 ECC 算法的独特性和优势，尤其在安全性和实用性方面，其表现非常出色。在 1999 年和 2001 年发布"椭圆曲线数字签名"和"密钥建立"两个 ANSI 银行标准后，人们对 ECC 算法更是充满了信心。

ECC 算法能够使用相对更小的密钥提供与其他算法同等级的或更高等级的安全性，这是 ECC 算法的一大优势。ECC 算法的一个劣势是其加密和解密运算相比于其他算法更耗时，这也是 ECC 算法的应用受到限制的原因。在应用场景上，ECC 算法主要可以应用在密钥交换、加密和数字签名等方面。

一条椭圆曲线可以用 6 个参数来描述，通常表示为 $T=(p,a,b,n,x,y)$，具体地，p 确定了椭圆曲线上的点所处的有限域；a 和 b 描述了曲线的形状；x 和 y 给出了曲线上的一个基点 G；n 是基点 G 重复加法的次数，即基点 G 在曲线上的阶。这 6 个参数共同确定了一条 F_p（有限域）上的椭圆曲线。图 1.6 展示了一条基本的椭圆曲线。

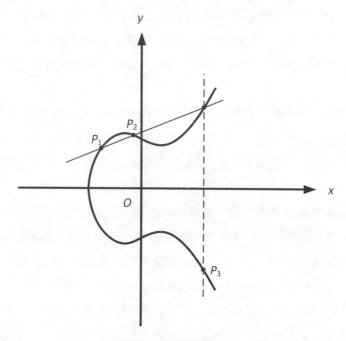

图 1.6　椭圆曲线示例

下面是使用椭圆曲线进行加密通信的一个简单流程。

（1）选择一条椭圆曲线 E 和基点 G 作为加密算法的参数。

（2）选择一个私钥 k 并生成公钥 $K = kG$。

（3）将 E、G 和 K 传输给接收方。

（4）接收方将明文编码为椭圆曲线 E 上的点 M，并生成一个随机数 r。

（5）接收方计算 $C_1 = M + rK$ 和 $C_2 = rG$。

（6）接收方将点 C_1、C_2 发送给发送方。

（7）发送方使用私钥 k 计算 $C_1 - kC_2$，并得到点 M。因为：

$$C_1 - kC_2 = M + rK - k(rG) = M + rK - r(kG) = M$$

所以所有步骤结束后，接收方获得 M，从而可以对 M 进行译码以得到明文。

如果存在窃听者想要窃取密文信息，那么他只能观察到 E、K、G、C_1、C_2，但是要通过 K、G 计算出私钥 k 或通过 C_2、G 计算出随机数 r 都是具有相当难度的，由此可得，通信双方传输的明文可以得到保护，不会被窃听者窃取。

在很多情况下，ECC 算法比起其他非对称加密算法都具有性能优势。如今，在诸如移动设备嵌入式系统等有安全方面考虑的需求中，ECC 算法通常能够发挥很好的保密作用，满足通信的安全性要求。ECC 算法的应用不仅广泛存在于商业手持设备中，未来几年，ECC 算法的应用还会继续扩展并得到推广。因为 ECC 算法具有更高的安全性和更短的密钥长度，所以越来越多的领域开始采用 ECC 算法，如物联网、智能家居、金融等，这些领域对安全性的要求非常高。因此，ECC 算法的应用前景非常广阔，未来会越来越受到人们的关注和重视。

1.5 密码设备

我国密码设备（或称信息安全产品）已经广泛应用于保密传输、网络安全和身份认证等领域，信息安全技术主要依赖信息的处理，而信息处理技术主要依赖的则是计算机技术，即密码集成电路技术。现代信息安全越来越离不开密码集成电路，其地位逐步上升。基于密码芯片的硬件解决方案已经成为保证信息安全的可靠途径。随着信息化的发展，密码芯片越来越多地出现在各种应用场合。在计算机芯片组、路由器、交换机，以及个人设备（如手机、智能卡）中，已经或将要实现内置安全控制模块。密码芯片目前已逐渐成为国家、个人信息安全基础设施建设的基石。

芯片级的安全解决方案正成为密码设备的重点发展方向。在个人计算机及服务器安全方面，芯片级的密码设备已经面市，如可信平台模块（Trusted Platform Module，TPM）。新型密码芯片储存了计算机的验证信息，包括计算机的安全、加密和密码管理等信息，将这些信息锁定在计算机状态中，保证其不被外部黑客篡改，从而有效地阻止黑客入侵。

随着手机等手持无线设备的普及，手机数据安全和用户信息安全的重要性日益凸显，而软件安全漏洞则有可能引发用户隐私泄露、财务安全风险、设备损坏、恶意控制、消耗流量和电量等多种问题，因此芯片级的安全解决方案应运而生，为手持无线设备带来安全计算，提供安全的无线交易。密码芯片将渗透到安全的每个领域并将成为一种趋势，芯片级安全技术已经成为跨国半导体巨头角逐的一个重点方向，密码芯片已成为近年来集成电路产业增长的重要部分。

现代密码学包括不同类型的密码算法，它们可以根据一定的协议产生解决方法。但是所有的密码算法都是抽象的数学算法。只有将密码算法以某种形式实现才能形成可用的密码技术或产品。实现密码算法的方式有软、硬件两种。硬件方式又分为嵌入式实现、FPGA 芯片实现和专用芯片实现。其中，能够直接实现或支持实现的硬件称为密码设备，能够直接实现或支持密码算法实现的芯片称为密码芯片或称信息安全芯片。

密码芯片既然涉及密码算法、密钥等信息安全的关键信息，就必然成为攻击者的目标。攻击者对其进行非法读取、分析、解剖等攻击，以期获得有用信息和非法利益。目前已经发现针对密码芯片的多种攻击方法，包括但不限于超高/超低时钟频率、超高/超低电源电压、电源能量分析、物理探测等，严重威胁着密码芯片中密钥及密码算法等机密信息的安全。攻击方法主要有以下几种。

（1）微探测（Micro Probing）：通过电子探针或机械探针对密码芯片进行探测和分析，获取关键信息；另外，聚焦离子束（FIB）可对密码芯片的连线、存储器等进行物理修改。

（2）软攻击（Soft Attack）：通过正常的通信接口分析和寻找协议、密码算法及应用中的漏洞。

（3）侦听（Eavesdropping）：通过能量分析设备测量密码芯片工作时的能量与电磁辐射，并进行分析与仿真，从而获取内部关键数据。

（4）故障生成（Fault Generating）：通过非正常操作，如改变密码芯片的工作频率或工作电压，使密码芯片工作异常，实现非法访问，获取信息。

（5）解剖分析：对密码芯片进行显微照相，提取网表，并进行功能仿真和综合分析。

（6）侧信道分析（Side-Channel Analysis，SCA）：通过功耗曲线分析、电磁泄漏分析、时序分析等手段可以获取密码芯片中的密钥和密码算法等机密信息。侧信道分析方法可以归为 4 类，包括简单侧信道分析（SSCA）、差分侧信道分析（DSCA）、相关性侧信道分析（CSCA）和互信息分析（MIA）。

现在还没有一种完美的方案能彻底解决密码芯片的安全问题，仍需要继续研究以建立一些有用的物理保护措施。只要攻击密码芯片的成本高于攻击者从攻破密码芯片中获取的利益，那么攻击行动本身就没有意义。因此，在密码芯片的集成电路及 IP 核的设计中，考虑增加抗击各种攻击的手段和方法是十分重要的。

1.6　密码芯片

信息安全的核心是密码学，而密码学的核心是密码算法。人们通过对各种密码算法的实现进行大量的研究，得出任何密码算法都可以用软件或硬件来实现的结论。其中，软件实现通常基于计算机或服务器架构，具有成本较低、灵活性高和易于维护等优点。但其缺点也不能忽视，包括加密速度较慢、安全性不足、需要大量的计算资源和难以防御侧信道攻击等。比起软件加密，硬件加密的优点是加密速度快、安全性高、安装容易、总体成本低，这些优点使得密码算法的硬件产品——密码芯片比起软件加密产品拥有更多突出的优势。因此，目前密码算法的实现大多选择使用密码芯片作为载体，包括但不限于在电子商务、税收、通信等领域，我们都能看到的以智能卡、付费电视卡、生物特征认证卡为代表的各式数据存储密码芯片。

前面提到，传统的密码芯片包括 ASIC 密码芯片和 FPGA 密码芯片两种形式。

ASIC 是一种专门为特定目标设计的集成电路，其目的是在电路的大小、速度、功耗等方面进行优化，以满足特定的应用需求。相比于通用的处理器或微控制器设计的密码芯片，ASIC 密码芯片的功能更加专一化，成本也更高，但同时其机密性也得到了提高，适用于大规模生产场景。

随着安全技术的发展，人们对安全产品在安全性及速度方面提出了更为严格的要求，这使得密码专用芯片的研究成为信息安全领域的一个焦点。可以采用芯片、并行处理和群集等技术来优化安全产品的速度。其中，芯片技术主要是指 FPGA 技术。FPGA 技术可以视为在芯片中实现安全产品应用的过程，这个固化过程会大大提高安全产品原本的运行处理速度。

对密码芯片来说，片上系统（SoC）也是一个重要的发展趋势。SoC，从狭义角度来说，它是将信息系统的关键部件集成在一块芯片上的解决方案；从广义角度来说，它是一个微小型系统，与中央处理器（CPU）只是计算机系统的核心部件相比，SoC 具备更加广泛的功能。与传统的 ASIC 密码芯片设计相比，SoC 芯片设计可以实现更为复杂的系统，在同一块芯片上实现模拟和数字系统功能。SoC 在集成度、安全性、可编程性、成本、可靠性与适用范围等多方面的优势显著，在未来的密码芯片设计中，SoC 成为研发的必然趋势，充分利用它的优势，为密码芯片的安全性提供更多保障。

密码芯片具有高度的技术含量、机密性、可靠性、嵌入式易用性和成本优势等诸多优点，因此在信息安全领域具有极其重要的地位。密码芯片是增强企业和国家信息安全的核心组成部分。

思考题

1. 为什么说一次一密密码是无条件的、安全的？

2. 一次一密密码的密钥量和明文符号数相同，在实际应用中，一般采用什么方案减小密钥量？

第 2 章

芯片设计基础

2.1　芯片

芯片也称微电路（Microcircuit）、微芯片（Microchip）、集成电路（Integrated Circuit，IC），是一种由半导体材料制成的微小电子元件，广泛应用于计算机、自动化、通信等各个领域。芯片实物图如图 2.1 所示。

图 2.1　芯片实物图

芯片一般是指集成电路的载体，它通常由多个微小电子元件组成，体积小巧，可以实现复杂的计算和控制功能。"芯片"和"集成电路"这两个词经常被用作同义词。这两个词有着密切的联系，也存在区别。从技术上来看，集成电路是指将多个晶体管、电容、电阻等器件集成在一起，形成一个电子电路；而芯片则是指集成电路的具体实现，即在硅片上制造集成电路。因此，集成电路设计和芯片设计虽然有很大的交集，但在技术细节上还是有区别的。同样，芯片行业、集成电路行业、IC 行业这几个词可以互换使用，但可能会有一些微妙的差别，如 IC 行业可能更加强调生产和销售方面。

芯片在广义上指的是使用纳米制造技术制造的半导体晶片，它可以包含电路，也可以没有电路。后者常被称为晶体片，通常由单晶硅材料制成，如半导体光源芯片、机械芯片、MEMS陀螺仪和生物芯片（如 DNA 芯片）。在信息通信技术领域，如果将范围限定在硅集成电路这个领域，那么"芯片"和"集成电路"的交集指的就是那些集成在硅晶片上的电路。芯片组是由相互关联的芯片组合而成的，它们互相依赖并协同工作，以实现更复杂的功能。例如，计算机中的输入/输出控制器芯片组、内存控制器芯片组、图形处理器芯片组、声音处理器芯片组等。芯片的内部结构图和内部版图分别如图 2.2、图 2.3 所示。

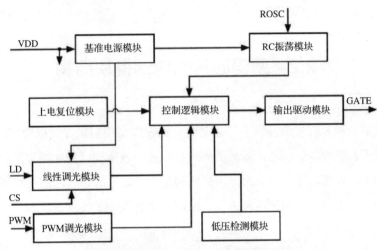

图 2.2　芯片的内部结构图

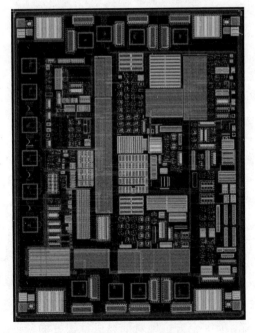

图 2.3　芯片的内部版图

芯片设计图和芯片渲染结构图分别如图 2.4、图 2.5 所示。

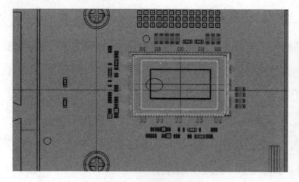

图 2.4　芯片设计图

图 2.5　芯片渲染结构图

2.2　密码芯片的内部模块结构

密码芯片是一种具有安全功能的专用芯片，能够为系统实现如数据加密、安全存储、密钥管理和数字签名等功能。图 2.6 展示了密码芯片的一般结构。首先选定某种密码算法，然后将其固化到芯片内部，再将用户的密钥信息写进芯片，最后在其内部进行加/解密、数字签名和认证等安全保护行为。通过这种方法，便可以增加攻击的难度，攻击者很难非法窃取这些数据。

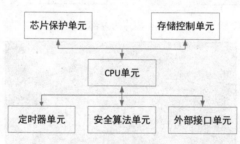

图 2.6　密码芯片的一般结构

通过固化非对称密码算法和对称密码算法到密码芯片，密码芯片可向密码系统提供高性能服务。同时，可以通过配置密码芯片中的存储控制单元、安全算法单元和外部接口单元来满足其他实际情况的需要。密码芯片不仅适用于智能卡、USB-Key 等嵌入式微型密码设备，得益于其性能高、灵活性强、可扩展等诸多优点，它还广泛应用于如政府机构、经济金融、社会保险、电子商务、税务社保等全方位、多层次的信息安全领域。

安全算法单元中采用的密码算法决定了芯片是否可靠，显而易见，该单元是密码芯片中最重要的部分。除了具有常用的对信息进行加密和解密的功能，密码算法还具有数字签名、身份校验、密钥管理等功能，能够全方位地对信息进行很好的验证，也能提高信息的机密性。

在实际更详细的设计中，可采用总线式架构，如图 2.7 所示。

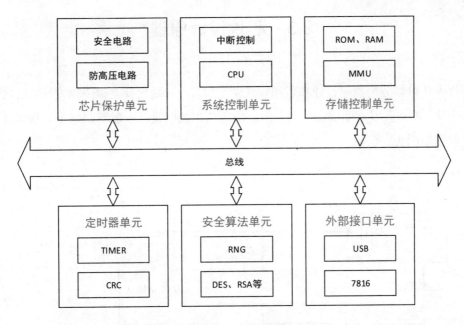

图 2.7 总线式架构

总线式架构中各单元的功能简单介绍如下。

（1）系统控制单元：该单元的性能影响整个系统的效率和资源利用，是密码芯片的核心，通过软件控制协调各单元运行。常见的系统控制单元有 8051、ARM、DSP 等。更进一步，为了加强系统芯片的物理安全性，除考虑控制需求外，系统控制单元还应该提供保护机制，用于保护系统地址和数据总线，以避免外部的侧信道攻击对芯片造成损害。

（2）安全算法单元：密码芯片系统的核心，通过固化的密码算法和密钥，能够提供加/解密和其他密码服务功能。密码芯片中可以包括一种或数种密码算法，如对称加密算法、非对称加密算法等，依据实际需求来使用。同时，该单元还包括真随机数发生器，能够高效地生成密码运算过程中需要的随机数。

（3）外部接口单元：主要通过非接触智能卡接口与外部进行通信，根据实际情况，可以配备 USB 接口、串行接口或其他接口。

（4）存储控制单元：由存储器控制逻辑和存储器模块构成，实现私钥管理和控制存储器操作，还能实现密码芯片系统的更新和动态配置，使得存储器资源得到充分利用。

（5）芯片保护单元：主要用于对密码芯片提供多方面的防护，可以为其他单元提供包括但不限于防止侧信道攻击或密码芯片自身内部单元异常，如防止高/低电压和高/低频率分析等功能。

（6）其他外围辅助电路：如定时器及循环冗余检验（CRC）等，用于提供密码芯片的一些基础性功能。

2.3 芯片设计原理

芯片设计可以分为前端设计和后端设计两个阶段。前端设计也称逻辑设计，后端设计也称物理设计。两者并没有明确的界限，但是与工艺相关的设计一般都归属于后端设计。芯片设计流程图如图 2.8 所示。

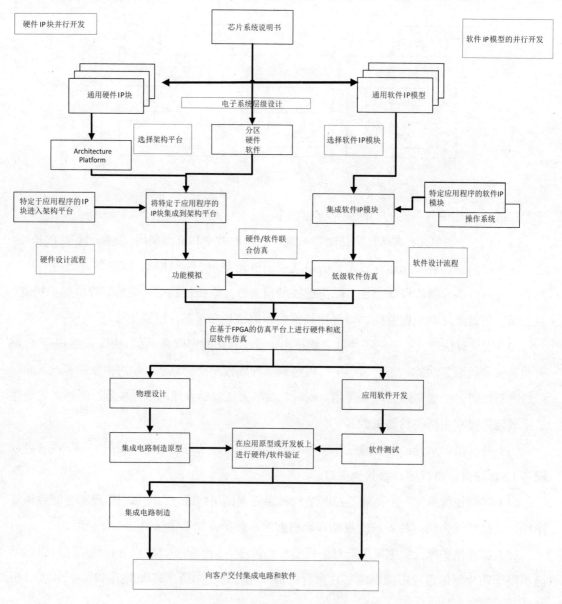

图 2.8 芯片设计流程图

前端设计和后端设计的关系如图 2.9 所示。

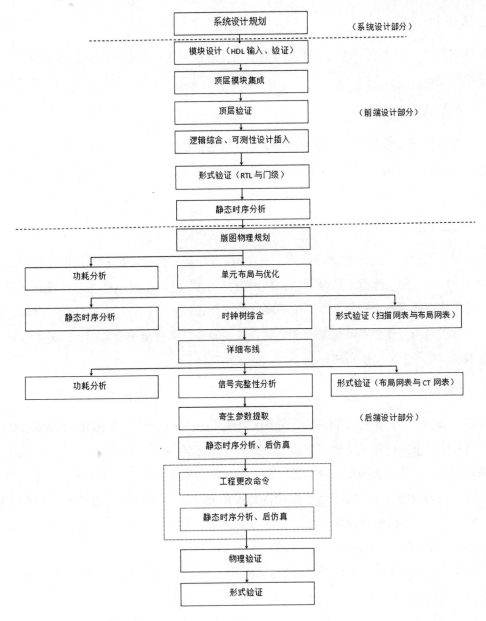

图 2.9 前端设计和后端设计的关系

2.4 芯片设计之前端设计

1. 产品定义

客户明确芯片的用途、性能、规格等并向芯片设计公司提交，类似于功能清单，包含芯片需要实现的具体功能和性能要求。

2．架构设计

根据客户提出的要求，芯片设计公司提出设计解决方案，确定硬件和软件架构，以及划分各模块的功能。

3．逻辑设计

根据芯片需要实现的具体功能和性能要求，将芯片的逻辑电路设计出来，即使用硬件描述语言（如 Verilog HDL）将实际的硬件电路功能描述出来，形成 RTL（寄存器传输级）描述文件。

4．仿真验证

仿真验证的目的是验证芯片设计的正确性，以设计规格为标准检验芯片设计是否满足所有要求。芯片设计的正确性主要是根据规格来衡量的，因此规格可以视为芯片设计的黄金标准。如果芯片设计不符合规格要求，就需要修改芯片设计和编码。芯片设计和仿真验证是一个持续迭代的过程，需要不断地修改和优化，直到验证结果完全符合要求。常见的仿真验证工具有 ModelSim、VCS 和 Incisive。

5．逻辑综合

经过仿真验证后，进行逻辑综合，它的结果是将实现芯片设计的 HDL 代码编译成门级网表。通常情况下，在逻辑综合完成后，需要进行后仿真验证。值得注意的是，在进行逻辑综合的过程中，需要设置约束条件，以便在面积、时序等目标参数上满足设计要求。逻辑综合需要使用特定的综合库，每个综合库中的标准单元（Standard Cell）在面积和时序参数上有所不同。因此，不同的综合库会导致综合出来的电路在时序和面积上有所不同。常用的逻辑综合工具有 Design Compiler 和 Genus 等。

简单地说，Design Compiler 就是进行翻译，将代码翻译成实际电路，但又不仅仅是翻译这么简单，它还涉及电路的优化与时序约束，使之满足性能要求。

该软件是约束驱动型软件，那么约束从何而来？答案是项目规格说明书。每个芯片设计项目都会有一个项目规格说明书，这是要在芯片设计之初的系统设计规划步骤中制定好的。具体详细的约束要求需要在逻辑综合过程中仔细地斟酌决定。

逻辑综合的一般流程如下。

（1）预综合过程。

（2）施加设计约束过程。

（3）设计综合过程。

（4）后综合过程。

注意：使用 Design Compiler 的一个必备条件是要学会使用 TCL 脚本。

预综合过程主要准备好综合过程所使用的库（包括工艺库、链接库、符号库、综合库）文件、设计输入文件并设置好环境参数。

施加设计约束过程主要用 TCL 脚本编写约束文件。具体的约束项目可以分为以下三大类。

① 面积约束：定义时钟，约束输入/输出路径。

②（环境属性）：约束输入驱动、输出负载，设置工作条件（最好、典型、最差情况）、连线负载模型。

③（高级时钟约束）：对时钟的抖动、偏移、时钟源延迟，同步多时钟，异步时钟，多周期路径进行细致的约束。

一个详细的 TCL 脚本约束文件基本包含上述所有约束。

设计综合过程主要介绍电路模块设计规划（以利于更好地进行约束）、Design Compiler 综合优化的过程（三大优化阶段：结构级，逻辑级，门级），以及时序分析的具体过程等逻辑综合过程中的一些详细信息。

综合完成后该怎么看结果？时序违反该如何解决？这就是后综合过程所要解决的问题。在综合完成后，通过分析综合报告可以得知此次的电路综合结果如何，对不符合的要求进行重新约束，甚至重新设计电路。在这个阶段特别值得一提的是综合预估，因为在写综合约束脚本时，需要确定约束条件，项目规格说明书一般不涉及如此细节的部分，所以需要根据实际电路进行综合预估。这个步骤是在代码编写完之后，与验证同时进行的，目的在于大致估计电路是否符合要求，此时的预综合过程与正式的综合过程是一样的，但是要求会宽松很多，时序违反要求为 10%～15%。也就是说，电路即使有 10%～15%不满足时序要求也没关系。

6. 静态时序分析

静态时序分析（Static Timing Analysis，STA）也是芯片设计中的一项验证工作，主要用于验证电路在时序上的性能表现，检查是否存在建立时间（Setup Time）和保持时间（Hold Time）等时序约束的违反情况。STA 是关于数字电路的基础知识，当一个寄存器存在建立时间违反或保持时间违反时，它将无法正确采样和输出数据。因此，以寄存器为基础的数字芯片功能必定会受到影响。常用的 STA 工具包括 Prime Time 和 Design Compiler 等。

7. 形式验证

需要对逻辑综合后生成的门级网表进行验证，以确保其在功能上与原始的 HDL 描述相匹配，常用的方法是等价性检查，即以经过功能验证的 HDL 设计为参考，比较逻辑综合后的门级网表与参考设计的功能是否等价。常用的形式验证工具有 Formality 和 JasperGold。至此，前端设计流程结束，最终得到的结果是芯片的门级网表电路。

前端设计流程如图 2.10 所示。

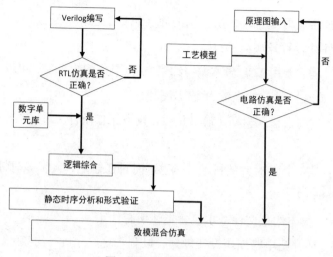

图 2.10 前端设计流程图

2.5 芯片设计之后端设计

1. 可测性设计

可测性设计（DFT）是一种在设计阶段考虑测试的方法。它的常见实现方式是在设计中插入扫描链，将原本不可扫描的单元（如存储器和状态机）转换为可扫描的单元。如果需要深入了解 DFT，则可以参考相关图书，并结合相关图片进行理解。常见的 DFT 工具有 Tessent 和 DFTMAX。

2. 布局规划

布局规划（FloorPlan）是芯片设计过程中的一个重要环节，其目的是确定各种宏单元模块的合理放置位置，如处理器核心、存储器单元、数字信号处理（DSP）模块等。FloorPlan 的设计要求考虑电路功能、电路布局、电路信号的传输延时等多个方面的因素，对最终的芯片面积有直接的影响。因此，在 FloorPlan 过程中需要充分考虑各种约束条件，如电路布局、信号传输、功耗分布、散热等，以达到最佳的布局设计效果。常见的 FloorPlan 工具有 Astro 和 Innovus 等。

3. 时钟树综合

时钟树综合（Clock Tree Synthesis，CTS）是将时钟信号从时钟源进行分配并布线到各个寄存器单元的过程。时钟信号在数字芯片中具有全局指挥作用，因此时钟信号的分布应该是对称的，并且要保证从同一个时钟源到达各个寄存器时，时钟延迟差异最小。因此，需要对时钟信号进行单独的布线。常用的 CTS 工具有 Innovus。

4. 布局与布线

布局与布线（Placement and Routing，PR）指的是在芯片的各个功能单元（如逻辑门、寄存器、存储器等）之间使用金属导线进行连线的过程。其中金属导线的宽度受到工艺制程的限制。例如，我们常听到的 28nm 工艺或 14nm 工艺指的就是金属导线最小可达到的宽度。此外，还需要考虑信号传输的延迟和功耗等问题。常用的 Place & Route 工具有 Astro 和 Innovus。

5. 寄生参数提取

芯片内部的导线存在电阻和互感、耦合电容等效应，这些效应会引起信号噪声、串扰和反射等问题，进而导致信号完整性问题，如信号电压波动和变化。严重时，这些问题可能导致信号失真错误。因此，分析和验证这些效应以确保芯片信号的完整性非常关键，这一步被称为寄生参数提取。常用的寄生参数提取工具为 Star-RCXT 和 Spectre。

6. 版图物理验证

对已完成物理布局的版图进行功能和时序验证是一个重要的步骤，包括 LVS（版图与门级电路图对比）、DRC（设计规则检查）、ERC（电气规则检查）、功耗分析和 DFM 检查。常用的版图物理验证工具有 Hercules。如果需要深入了解版图物理验证，则可以参考相关图书。

至此，芯片制造之前的所有工作都已经完成了。而芯片制造需要使用 GDS Ⅱ 文件格式的物理版图，晶圆制造厂需要根据其制造出裸片（也称为晶元），随后对裸片进行封装和测试，最终形成可以实际使用的芯片。

输入作为整个后端设计工作的起点，是最根本的基础。其中包含了后端设计所需的所有文件：综合网表、sdc（时序约束）、library（库文件，包括时序库和物理库等）、Signoff 条件、工艺文件。

FloorPlan 是后端设计最为重要的两个步骤之一（另一个为 CTS）。它直接影响芯片的 PPA（Power, Performance and Area）。一个好的 FlooPlan 能够明显减少迭代次数，并能缩短设计周期。

Place，又称 PlaceOpt，主要内容是调用工具的算法对标准单元进行自动摆放。目前的主流布局与布线工具在这方面都比较成熟，但是较新的次世代工具 Innovus 和 ICC2 还会遇见很多问题，需要配合 EDA 厂商一起慢慢完善。

CTS 的主要内容是根据 FloorPlan 和 Place 的结果合理构建时钟树，并对有时序关系的时钟进行平衡。主流 PR 工具对于时钟相对简单的设计都支持得比较好，但是对于时钟域多且结构复杂的设计，想要完成一棵偏斜、延迟和功率都比较理想的时钟树是工作量很大且很有技术含量的工作，因此很多大公司的项目都是由专人来负责时钟树的构建的。需要指出的是，除了传统的时钟树，近些年还有大量的定制化时钟树结构陆续出现并在流片后实现了比较好的效果，如鱼骨树（Fishbone Tree）、H 型树（H-Tree）等。

布线（Routing）包括布线后的优化，主要调用 PR 工具的算法对设计中的网络进行自动布线，并在布线后继续优化时序、面积和功耗等。对布线而言，最重要的是能否成功绕通，即是否能够将绕线后的 DRC/短路问题发生的可能性降至最低甚至消除。需要指出的是，这部分布线的对象不包括电源、模拟等特殊网络，因为这些网络通常具有特殊的约束条件，因此需要设计者根据工艺、布局规划及其他约束条件自行设计。

ECO（Engineer Changing Order）即工程师变更命令，主要对工具无法完全处理的问题进行手动修正。ECO 主要有两种：逻辑级别的 ECO（Logic ECO）和物理级别的 ECO（Physical ECO）。Logic ECO 是对网表的逻辑功能的修改，原因在于，在芯片设计的后期阶段，前端工程师可能会发现设计上的某些漏洞而需要对电路做修改，而此时的计划已经不允许进行重新综合，因此会选择在 PR 的网表上进行逻辑修改，一般情况是会增加一些逻辑或将某些逻辑的网络重新连接。Physical ECO 主要针对 PR 工具无法完全处理的问题进行手动修正，一般包括 Timing ECO、DRC 修正等。

芯片完成阶段（Chip Finish Process）主要对 PR 工具基本完成的网表在进行流片前，为量产、良率及后期改版做一些优化和准备，一般包括插入填充单元（Filler Cells）、金属填充插入（Insert Metal Fill）、修复，某些流程可能会选择在这个时机插入测试点或边界单元。

2.6 芯片设计之工艺文件

对于芯片设计的重要环节，如综合与时序分析、版图绘制等都需要用到工艺库文件，而我们往往又对工艺文件缺乏认识，导致想自学一些芯片设计的东西很困难。例如，没有工艺版图库文件，学习版图设计就是纸上谈兵。本节主要介绍工艺库相关知识。

工艺文件由芯片制造厂提供，因此概括性地了解国内和国际上有哪些芯片制造厂是很有必要的。国际上主要有英特尔、三星等主要半导体制造商，国内主要有中芯国际、华润上华、深圳方正等公司。这些公司都提供相关的工艺库文件，但前提是要与这些公司进行合作才能获取，这些工艺文件都属于机密性文件。

完整的工艺库文件的主要组成如下。

（1）模拟仿真工艺库：主要以支持 Spectre 和 HSpice 这两个软件为主，Spectre 使用.scs 作为后缀名，HSpice 使用.lib 作为后缀名。

（2）模拟版图库文件：主要给 Cadence 版图绘制软件使用，后缀名为.tf 和.drf。

（3）数字综合库：主要包含时序库、基础网表组件等相关综合及时序分析所需的库文件，主要用于 DC 软件综合、PT 软件时序分析。

（4）数字版图库：Cadence Encounter 软件用于自动布局与布线。当然，自动布局与布线工具也会用到时序库、综合约束文件等。

（5）版图验证库：主要有 DRC、LVS 检查，有的专门支持 Calibre，有的专门支持 Dracula、DIVA 等版图检查工具。每种库文件都有相应的 PDF 说明文档。

反向设计会用到上述（1）、（2）、（5）工艺库文件。正向设计（从代码开始设计的正向设计）会用到上述所有工艺库文件。由于工艺文件在芯片设计中占有极其重要的位置，在每个关键设计环节都要用到它，加上它的机密属性，因此网络上很难找到完整的工艺文件用于个人学习，EETOP 上有一份 Cadence 公开的用于个人学习的工艺库文件可以方便我们学习，但似乎它是不完整的。

第 3 章

密码芯片的检测认证及量化评估

3.1 国内外密码设备的检测认证标准简介

3.1.1 FIPS 140

国外密码芯片检测领域已经形成了严谨的检测认证规范，如 NIST 发布的 FIPS（Federal Information Processing Standard，美国联邦信息处理标准）140。该标准涵盖了硬件安全模块（HSM）的实现，包括硬件、软件模块或两者的组合。在美国、加拿大和其他一些国家和地区，必须将 FIPS 140 认证的密码模块包含在业务解决方案中。全球从事金融和支付行业的很多公司都遵循相同的标准。FIPS 140 为安全模块提供了一定程度的安全保障，其具体要求是针对 8 项功能性安全目标制定的。然而，该标准并不能确保应用和部署的绝对安全。目前，北美和亚洲等地区的主要安全模块公司均使用该标准。

负责维护此标准的组织为密码模块验证体系（CMVP）。除此之外，该组织还要确保通过认证的密码模块与该标准兼容，以及实验室开展的评估工作的准确性。该组织由 NIST 和加拿大政府的通信安全机构（CSE）于 1995 年共同建立。

FIPS 140-1 的第一个发行版于 1994 年 1 月 11 日发布。FIPS 140-2 于 2001 年 5 月 25 日发布，最后一次更新于 2002 年 12 月 3 日。目前，FIPS 140 已经更新到 FIPS 140-3，于 2019 年 3 月 3 日发布，并于同年的 9 月 22 日正式生效。FIPS 140-2 时间线如图 3.1 所示。

目前，FIPS 140-2 的使用范围最广，其包含 4 个不同的安全等级，从安全等级 1 到安全等级 4，安全性质量逐渐提高。随着安全等级的提高，密码模块需要满足更严格的物理和逻辑安全要求，从而提供更高的安全性。

安全等级 1：提供最基本的安全性，如要求密码模块采用 NIST 认证的加密算法，无须具备特殊的物理安全机制，对软件环境、使用方式和操作系统没有明确要求，可使用软件密码模块。

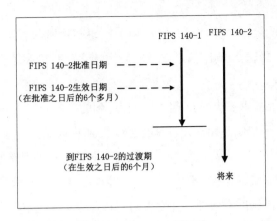

图 3.1　FIPS 140-2 时间线

安全等级 2：在安全等级 1 的基础上，要求密码模块具备防篡改的涂层、封条或防撬锁等物理安全机制，并需要基于角色的身份认证机制，安全模块按角色提供对应的安全服务；对操作系统有一定的限制，可在满足特定要求的操作系统中使用软件密码模块。

安全等级 3：在安全等级 2 的基础上，要求密码模块可以探测非法物理访问，能够防止入侵者获得敏感数据，一旦物理防护设施被破坏，密码模块就可以清除敏感数据；增强了认证机制，要求密码模块按身份提供对应的安全服务，要求敏感数据明文的输入/输出接口与其他接口在物理上分开；对操作系统的要求更高，需要在满足特定要求的操作系统中使用软件密码模块。

安全等级 4：提供最高的安全性，要求密码模块能够检测各种非法物理访问，并清除敏感数据；能够经受住刻意改变操作环境的攻击；对操作系统的要求更高，需要在满足特定要求的操作系统中使用软件密码模块。

3.1.2　国家密码标准

除了国际使用的 FIPS 140，我国也制定了相应的密码模块安全标准 GM/T 0008—2012。根据中华人民共和国密码行业标准，对密码模块安全划分了 3 级，安全等级 1 的级别最低，安全等级 3 的级别最高。

安全等级 1：规定了密码芯片的安全能力必须满足的最低安全等级要求。安全等级 1 要求密码芯片对密钥和敏感信息提供基本的保护措施。达到安全等级 1 的要求的密码芯片可应用于密码芯片所部署的外部运行环境能够保障密码芯片自身物理安全和输入/输出信息安全的应用场合。

安全等级 2：规定了密码芯片的安全能力所能达到的中等安全等级要求。在安全等级 1 的基础上，安全等级 2 规定了密码芯片必须具有的逻辑和/或物理保护措施。安全等级 2 要求密码芯片能够对密钥和敏感信息进行保护，具有对抗攻击的逻辑和/或物理防御措施，并要求送检单位能够对相应防御措施的有效性进行说明，密码芯片应具有较全面的生命周期保障。

达到安全等级 2 的要求的密码芯片可应用于密码芯片所部署的外部运行环境不能保障密码芯片自身物理安全和输入/输出信息安全的应用场合。在该环境下，密码芯片对各种安全风险具有基本的防护能力。

安全等级 3：规定了密码芯片的安全能力所能达到的高安全等级要求。在安全等级 2 的基础上，安全等级 3 规定了密码芯片必须具有的逻辑和/或物理保护措施。安全等级 3 要求密码芯片能够对密钥和敏感信息提供高级保护，要求密码芯片具有的逻辑和/或物理安全机制能够对密钥和敏感信息提供完整的保护，要求密码芯片能够防御本标准指定的各种攻击，要求送检单位能够证明相关防御措施的有效性，并要求密码芯片应具有完整的生命周期保障。

达到安全等级 3 的要求的密码芯片可应用于密码芯片所部署的外部运行环境不能保障密码芯片自身物理安全和输入/输出信息安全的应用场合。在该环境下，密码芯片对各种安全风险具有全面的防护能力。

3.1.3　通用评估准则

通用评估标准（Common Criteria，CC）是美国、加拿大、英国、法国、德国、荷兰整合了多个国家的信息安全规范而联合制定的信息技术安全性评估和系统安全特性评估标准，用于评估信息系统和产品的安全性。该标准分为 3 部分，即一般模型和基本框架、安全功能要求、安全保证要求，旨在建立一个被广泛接受的、符合国际安全标准的评估准则，为不同国家或实验室提供可比性。

（1）一般模型和基本框架（第 1 部分）：前者主要介绍 CC。该部分提出了通用的信息技术安全性评估模型，并定义了 IT（互联网技术）安全评估的基本概念和原理。同时，该部分还提出了一系列与 IT 安全相关的术语和概念。这些术语概念可以用于表达 IT 安全目标，以便选择和定义 IT 安全要求；也可以用于编写产品和系统的高层次规范。通过使用这些共同约定的术语和概念，不同国家和实验室之间的交流变得更加容易与精确。此外，每个 CC 的目标读者不同，因此每部分的可读性和易用性都是为特定读者而优化的，以确保标准的实际应用性。

（2）安全功能要求（第 2 部分）：主要是为表示 TOE（待评估的安全产品或系统）的功能要求建立一系列标准的功能组件。同时，这部分也列出了一系列的功能组件、族和类别。

（3）安全保证要求（第 3 部分）：在这部分中，CC 建立了表示 TOE 保证要求的一系列保证组件作为标准方法，详细列出了保证组件、族和类别，同时为保护概要和安全目标的评估制定了准则，并定义了评估保证级别，用于评定 TOE 保证的 CC 预定义尺度。

表 3.1 列出了一些 CC 的内容，根据读者可能感兴趣的方面分为 3 类。

表 3.1　CC 使用指南

	消费者	开发者	评估者
第 1 部分	查阅背景资料并根据需求确立目标，指导保护概要（PP）的编写	查阅背景资料，帮助了解如何完成目标，确立 TOE 安全规范	查阅背景资料和确立目标，保护概要和安全目标（ST）的指导性结构
第 2 部分	帮助阐明安全功能要求	根据要求生成 TOE 功能规范	判断 TOE 是否满足规定的安全功能的规定性描述
第 3 部分	帮助阐明保证需求级别	帮助解释保证要求描述和决定 TOEs 的保证方法	评估 TOEs 的保证、保护概要和安全目标的规定性描述

　　FIPS 140-2 和 CC 关注密码模块测评的不同方面，前者提供 4 个级别的符合性测评包，覆盖密码模块的物理安全、密钥管理、自我测评、角色和服务；后者针对特定的保护概要或安全目标进行评估，某个保护概要可能涉及广泛的产品范围。

　　CC 认证无法取代 FIPS 140 认证，这是由于 CC 预定义的任何 EAL（Evaluation Assurance Level，评估保证级别）级别或功能需求不能直接对等 FIPS 140-2 的 4 个安全级别。

　　表 3.2 列出了 FIPS 140-2 的分类、要求与 CC 安全功能要求类的对应。

表 3.2　FIPS 140-2 的分类、要求与 CC 安全功能要求类的对应

FIPS 140-2 分类	FIPS 140-2 规定的功能要求	对应的 CC 安全功能要求类
密码模块规范	详述了密码模块的构成、功能、组件、物理端口或逻辑接口、状态控制、安全功能、工作过程的设计图例、与密码模块相关的安全信息和安全策略	安全审计类、密码支持类、用户数据保护类、安全管理类、隐私类、TOE 访问类
端口与接口	密码模块所有的信息流、访问的输入/输出物理端口和接口都要进行详细的说明。将逻辑接口分为 4 类：数据输入接口、数据输出接口、控制输入接口、状态输出接口。这 4 类接口控制所有与密码模块进行的信息交换	安全审计类、通信类、用户数据保护类、TSF 保护类
角色、服务和认证	密码模块必须提供对操作员角色的认证支持，并为每个角色提供相应的服务。具体而言，包括对角色的支持、为每个角色提供必要的服务，以及对操作员进行认证的要求	标识与鉴别类、安全管理类、TOE 访问类
有限状态模型	密码模块的操作要详细描述利用状态转移图和/或状态转移表来表示的有限状态模型。这些图和表应包括所有的操作和出错状态、从一种状态到另一种状态的转移、由输入引起的由一种状态到另一种状态的转移、由输出引起的由一种状态到另一种状态的转移，并规定了模型必须包括的操作和出错状态	安全审计类、TSF 保护类、安全管理类、资源利用类
物理安全	密码模块要使用物理安全机制限制对模块内容的非授权物理访问和阻止非授权用户或对模块的修改，对不同的物理形式和对应的 4 个安全等级做出了具体要求	安全审计类、安全管理类、标识与鉴别类、TSF 保护类、TOE 访问类
运行环境	用于密码模块运行的软件、硬件、固件和管理，提供了 4 个安全级别的具体要求。同时，要求明确列出密码模块的运行环境	安全审计类、密码支持类、TSF 保护类、TOE 访问类
加密密钥管理	涵盖了加密密钥、密钥组件和重要安全参数的整个有效期	安全审计类、密钥支持类
电磁干扰/兼容性	密码模块要符合 EMI/EMC 要求，并且无线电装置被拒绝使用	TSF 保护类

FIPS 140-2 分类	FIPS 140-2 规定的功能要求	对应的 CC 安全功能要求类
自检	密码模块要能完成上电自检和条件自检以确保模块功能的完整性,并对上电自检和条件自检提出了详细的要求	TSF 保护类、资源利用类
设计担保	密码模块的卖主在设计、发展和操作密码模块的过程中使用最好的实践方案,确保模块经过完整测试、配置、交付、安装和发展,并要提供适当的操作指南文档,指明配置管理、交付和操作、发展和指南文档	安全审计类、用户数据保护类、资源利用类、TSF 保护类
缓解其他攻击	密码模块可能会受到此版本安全要求不能检测的攻击的影响,影响的程度依赖模块的类型、实现和实现环境。当前主要的攻击包括能量分析、时序分析、错误归纳、干扰	TSF 保护类、资源利用类

3.1.4 攻击强度的分类

以 IBM 的经验为参考,可以将入侵者依据专业水平和攻击级别划分为 3 个等级。

(1)初等:在缺少对系统有深层了解的情况下,能够利用已知系统的弱点读/写工艺老旧的元器件。

(2)中等:能够利用丰富的技术经验和高端工具仪器改变系统已知部分的安全等级与读写大部分元器件。

(3)高等:通常为专业团队,能够使用精心设计的先进攻击方法和工具深入分析完整系统,团队可能包含中等成员。

3.1.5 保护等级定性划分

评估半导体芯片的保护等级需要考虑架构、工艺和安全特性等多方面因素。IBM 的文件中除了讨论半导体芯片保护等级的考虑因素,还对安全系统在应对不同攻击手段时的保护能力进行了讨论,并提出了 6 个安全等级,分别表示不同程度的安全强度,涵盖了不同保护等级的安全需求。

(1)零级:所有部分,包括使用外部 ROM 的微控制器和 FPGA 都可以被随意访问,没有采用特殊的安全手段。

(2)低级:虽然进行了一些安全防护,但是通常内存没有保护,编程算法仅在微控制器内部存在,能够利用电焊和模拟波形等方法花费一些时间轻松破解。

(3)中低级:安全措施可以有效抵御绝大部分低级攻击手段,但面对拥有高价设备和特殊知识的攻击者,往往也得不到保护,常用的防护设备有抗功耗分析设备。

(4)中级:攻击者同样需要高价设备和特殊知识,但是需要花费更长的时间,系统使用诸如工艺老旧的 IC 卡和抗紫外线的 MCU 等设备。

(5)中高级:更加注重安全防护,使用诸如包含数百万个晶体管的现代复杂 ASIC 等高级安全保护措施,攻击设备虽然存在,但购买和使用都需要高昂的费用与具备特殊知识。

（6）高级：除非专家团队进行全新的研究，否则这个系统可以抵御已知的全部攻击手段。此外，某些攻击设备需要特别设计制造，而且无法确定能否成功实施攻击，因此只有某些大型实验室等机构才有可能实现这样的攻击，就像签名应用中的加密模块一样。

3.2　密码芯片侧信道安全性的量化评估方法

3.2.1　侧信道攻击概述

随着物联网概念的日益普及，人们面临的信息安全威胁越来越多，而侧信道攻击便是从物联网中新形成的一种攻击方法，并很快成为黑客攻击物联网的最新方法。物联网架构的各个关键层级（网络层、设备层与芯片层）均面临着侧信道分析之类的攻击。此类攻击手段繁复多样，可大致分为 3 类：一是网络层面的攻击，如窃取机密信息（如密码）；二是软件层面的攻击，即恶意软件的植入；三是硬件层面的攻击，通过非侵入性的方法（如调试或侧信道分析）对系统进行渗透。当前形势下，侧信道攻击正日益成为黑客首选的攻击方式。

传统的解密方法将密码算法视为理想的抽象数学转换，假设攻击者无法获得明/密文和密码算法以外的任何信息。但是，加密算法的设计安全性与密码芯片的实施安全性并不对应。在现实世界中，加密算法的实现必须始终与密码芯片绑定在一起。而芯片在工作时会产生各种各样的信息并被攻击者加以分析，如功耗、声音等，这些称为侧信道泄漏。这些信息同密码中间运算、中间状态数据存在一定的相关性，可为密码分析提供更多的信息，利用侧信道泄漏进行的密钥分析称为侧信道分析。基于侧信道泄漏的密码安全性分析模型如图 3.2 所示。

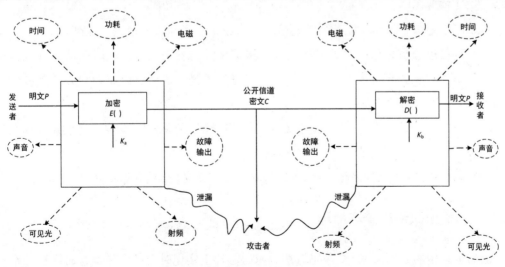

图 3.2　基于侧信道泄漏的密码安全性分析模型

侧信道分析避免对复杂密码算法本身进行分析，分析的是密码算法在软、硬件实现过程中泄漏的各种信息，攻击者可以通过监测密码算法执行时 CPU 的功耗变化和电磁辐射信号推断出密钥信息；此外，攻击者还可以通过分析 CPU 的 Cache 访问模式推断出密钥信息。在攻击中，攻击者也可以通过注入电压或光线等手段干扰 CPU，导致中间状态出错，获取中间状态比特或故障输出。这些侧信道泄漏是评估密码算法芯片物理安全性的重要依据。

密码芯片大量地应用在电子产品中，如智能卡、可信计算模块、射频识别（Radio Frequency Identification）、网银 USB-Key 等。密码芯片是指能够执行密码算法操作的芯片，包括专用算法芯片和含有加/解密操作的通用芯片。在实际应用中，分析人员可以通过获得密码算法操作过程中的电信号或电磁信号，分析这些电信号或电磁信号随着输入明文的变化而获得密钥信息。

在 2001—2010 年期间，侧信道分析技术飞速发展，主要表现为各种侧信道分析方法、评估、防御和应用的快速发展。该阶段的进展主要表现在以下几方面。

（1）提出了多种新的侧信道攻击方法：包括随机模型分析、频域分析、访问驱动 Cache 计时分析等，这些方法使得攻击者可以更加有效地利用各种侧信道信息进行密码破解。

（2）开始重视密码芯片的物理安全性：在这一阶段，密码算法实现的物理安全性开始受到越来越多的关注，包括侧信道分析评估、防御和应用等。

（3）提出了一些新的防御技术：包括掩蔽方法、随机逻辑、逆向引导、抗干扰设计等，这些技术可以帮助密码芯片抵御侧信道攻击，提高密码系统的物理安全性。

（4）开始将侧信道分析技术应用于实际系统：在这一阶段，一些重要的应用领域开始使用侧信道分析技术，如智能卡、无线电频谱分析、生物识别、物联网等。

2010 年后，侧信道分析、评估、防御、应用研究更加深化，该领域的研究逐渐走向鼎盛时期，主要体现在以下几方面。

（1）侧信道信息采集：能够采集的信息种类越来越多，效率也大大提高。

（2）侧信道分析方法：对于已经采取了保护手段的安全系统，利用侧信道与数学相结合的分析方法，相比于过去的分析方法，效率得到了提高，这已经成为密码学领域的发展新趋势。

（3）侧信道分析防御：未来的趋势是科学地设计防御手段、能够灵活地实现、体系化地构建部署方案。

（4）侧信道分析应用：侧信道分析将与其他技术交叉应用于不同的信息安全领域。

3.2.2　侧信道攻击的基本原理

侧信道攻击的基本原理是，密码算法在密码芯片上实现时会产生如执行时间和功率消耗等的侧信道泄漏。同时，由于寄存器的限制，主密钥被分为多个子密钥异步运算时也伴随着侧信道泄漏。攻击者能够利用这些信息恢复出子密钥，并最终结合密码算法恢复出主密钥。

侧信道攻击分为如下两个阶段。

（1）泄漏采集阶段：通过密码实现时的被动泄漏和攻击者的主动诱导来产生侧信道泄漏，进而被攻击者收集用以执行侧信道攻击，测试设备或测试方法的精度直接决定了数据的精度。

（2）泄漏分析阶段：通过分析泄漏采集阶段收集的信息，结合加密算法的实现细节，利用分析方法恢复一些子密钥，并利用这些子密钥和组合密钥扩展算法最终恢复主密钥。

在上述两个阶段中，度量复杂度的指标是不同的。在泄漏采集阶段，通常使用数据复杂度来评估所需采集的数据量。这是因为这个阶段的主要目的是收集足够多的侧信道泄漏数据，以用于进一步的分析。而在泄漏分析阶段，评估密钥搜索空间的减少程度是更为重要的指标，通常使用时间复杂度、空间复杂度和成功率进行评估。这是因为这个阶段的主要目的是利用已经收集的侧信道泄漏数据尝试恢复密钥。这两个阶段具有紧密的关系，泄漏采集阶段获取的数据越优质，泄漏分析阶段的工作越简单；反之，则需要对侧信道分析方法的要求更高，以确保能够从少量的侧信道泄漏数据中恢复出足够的密钥信息。

3.2.3　安全性量化评估

物理设备的信息泄漏是不可避免的，任何物理设备的操作都有可能遭受侧信道攻击。针对侧信道攻击的应用研究是一项跨学科的探索，涵盖了电子设备的生产与制造、密码算法的设计及安全应用等多个领域。

随着侧信道攻击技术的不断进步，传统的密码算法设计已无法完全确保密码系统的安全性。因此，建立一套抗侧信道攻击的密码系统，符合相关的安全性评估标准变得至关重要。以前面介绍过的 FIPS 140 为例，该标准是目前业界比较认可的安全性量化评估标准之一。FIPS 140 经历了多次修订，反映了侧信道攻击技术对攻击密码芯片的物理安全性的快速演进。必须进行抗侧信道攻击的安全性量化评估，以评估密码系统的物理安全性和其抵御侧信道攻击的能力，从而提高密码系统的安全性。

密码芯片必须在设计时就考虑侧信道泄漏，进一步地，必须考虑侧信道泄漏安全风险评估。Dakshi 方法旨在评估电磁泄漏攻击的安全风险，其中心思想是通过信号检测理论建立电磁攻击模型，结合信息论对电磁泄漏信息进行量化评估。此外，还有一些文献提出了一种基于实际泄漏的安全性能评估方法，使用汉明权重模型分析差分能量攻击的安全性。随着泄漏和攻击技术的不断演变与复杂化，侧信道泄漏风险评估也逐步引起更多人的关注和研究。

现有的方法在评估密码芯片的防御侧信道攻击的有效性时，通常需要参考设计（Reference Design/Device），这将妨碍第三方的客观评估。另外，评估结果通常是定性的，如通行的 CC 认证、FIPS 140 认证，这种"安全/不安全"的二元逻辑不再适合飞速发展的安全技术领域。但是量化评估客观上是困难的，这是由于攻击防御的方法可以是某一点的技术，而评估则需要对理论和整体技术有系统的把握，同时，由于对象（算法、软/硬件、测试设备）的多样性，评估环境很难统一。例如，采用预测函数，并对预测的 key 的置信度进行分析，从而将对象的多样性归一化，得到较准确的量化评估结果，指导检测服务。图 3.3 所示为量化评估的流程图。

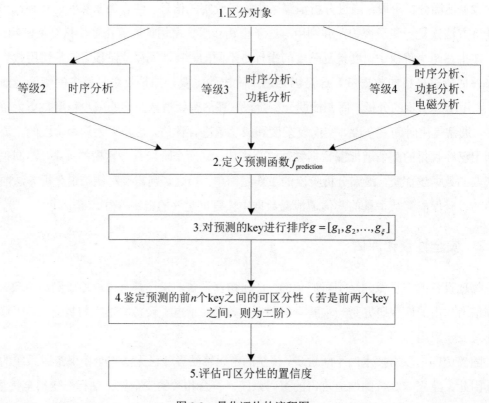

图 3.3　量化评估的流程图

以时序分析为例，量化评估的步骤如下。

（1）选取 n 组操作 bit0 时的功耗曲线 T_0 和 n 组操作 bit1 时的功耗曲线 T_1。

（2）计算 n 组操作 bit0 的时间（t_{bit0_i}，$i = 1,2,\cdots,n$），n 组操作 bit1 的时间（t_{bit1_i}，$i = 1,2,\cdots,n$），如果 n 足够大，则 t_{bit0_i} 和 t_{bit1_i} 为高斯分布。

（3）选取 t_{bit0_i} 和 t_{bit1_i} 各自的平均值为预测函数 $f_{\text{prediction}}$，假设小一点的值对应 bit0，大一点的值对应 bit1；反之亦然。

（4）计算可区分性的置信度：

$$\varepsilon = \frac{|\mu_0 - \mu_1|}{\sqrt{\dfrac{s_0^2}{n} - \dfrac{s_1^2}{m}}}$$

以高斯分布下 95% 的置信概率的临界值是 1.96 为例，若 $\varepsilon > 1.96$，则可区分性明显，时序攻击下不安全，且 ε 的值越大，越不安全；反之，则越安全。也可根据实际应用选择不同的置信概率。

采用差分能量分析（DPA）破解 DES 所需的功耗曲线数量主要取决于功耗与操作数汉明权重的相关系数，相关系数越大，所需的功耗曲线数量越多。若进一步精确相关系数，则要把电子噪声等的分布考虑进去，建立功耗曲线的二维正态分布。采用简单能量分析（SPA）破解 RSA、ECC 等非对称密码算法的量化方法可运用模式识别、小波函数等确定点倍、点加的功耗曲线形状相似度。

下面给出一种密码芯片侧信道安全程度量化评估方法。

（1）收集至少 2 个功耗与操作数汉明权重之间的相关系数。

（2）对相关系数进行归一化处理并计算差值。

（3）基于归一化差值计算密码芯片的侧信道安全系数。

上面所述的获取至少 2 个功耗与操作数汉明权重之间的相关系数包括猜测密码芯片的密钥、向密码芯片输入明文、计算汉明权重、采集密码芯片的功耗曲线、计算功耗与操作数汉明权重之间的相关系数几步。重复上述步骤，从而得到至少 2 个功耗和操作数汉明权重之间的相关系数。图 3.4 所示为量化评估的流程图。

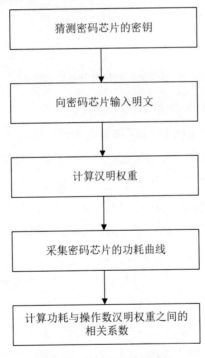

图 3.4　量化评估的流程图

密码侧信道分析评估模型如图 3.5 所示。密码侧信道分析评估模型大体按照分析的全过程进行划分，首先刻画分析对象，即密码实现；接着确定分析目标，即攻击目的；之后评估分析对象运行过程中的侧信道泄漏；然后定义攻击者在攻击中的各种能力；最后度量密码实现安全性、攻击复杂度和攻击者的能力。

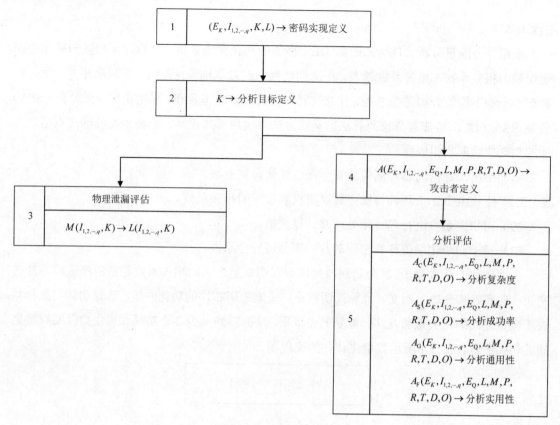

图 3.5 密码侧信道分析评估模型

下面给出 5 个分析评估步骤的说明。

（1）密码实现定义。一个密码 E_K 实现被定义为使用密钥 K 对输入 $I_1, I_2, \cdots, I_q$ 进行解密的过程，该过程依托于密码算法 E_A，而 E_A 则是在密码设备 ED 中执行的一系列运算过程的具体化，这些运算过程由若干密码运算 E_O 组合而成。密码实现的要素为目标密码算法 E_A、目标密码设备 ED、目标密码运算 E_O、输入 $I_1, I_2, \cdots, I_q$、密钥 K、侧信道泄漏 L。其中，E_A 决定为了达到侧信道分析目标所需分析的轮数，ED 决定了侧信道泄漏 L 的特征，E_O 决定了密码算法实现的防护措施、攻击点的选择和泄漏信息量。

（2）分析目标定义。分析目标定义为未知的一个或一组变量，一般来说是密钥 K，也可能是一个密码算法的局部或全部设计参数。

（3）侧信道泄漏评估。侧信道泄漏评估主要涉及两类问题：一类是如何量化评估，即有多少侧信道泄漏可以从目标密码实现中得到，为攻击提供侧信道泄漏量度量；另一类是如何刻画评估，即找到一种模型或函数，以确定密码运算数据或操作与侧信道泄漏之间的相关性，使得根据猜测的密码运算数据或操作可以无限逼近真实侧信道泄漏，为攻击提供侧信道泄漏模型度量。

（4）攻击者定义。刻画一个全面的攻击者需要考虑以下几个要素：一是攻击者所能掌握的攻击条件，如已知输入 I（唯密文、已知明文、选择明文、选择密文等）是否能够掌握一台模板密码设备；二是对侧信道泄漏 L 的采集能力 E_Q；三是攻击者对侧信道泄漏模型 M 的刻画能力或区分器 P 的构建能力；四是对侧信道泄漏 L 的预处理能力 R；五是根据侧信道泄漏进行秘密信息的分析能力 T 和密钥判决能力 D；六是攻击者的离线计算能力 O。

（5）分析评估。主要评估依据为计算复杂度、分析成功率、分析通用性、分析实用性。评估的参数可以包括不同密码实现（密码算法、密码设备、密码实现方法、密码部署环境、不同输入条件）下 E_K 的安全性、不同测量设备或方法对攻击的影响、刻画出的不同模型对攻击的影响、不同区分器对攻击的影响、不同泄漏预处理方法对攻击的影响、不同泄漏分析方法对攻击的影响、不同候选值判决对攻击的影响、不同离线分析能力对攻击的影响等。

对于一个好的侧信道分析方法，分析复杂度 A_C 通常较低、分析成功率 A_S 较高、分析通用性 A_G（针对不同的密码算法、密码设备、密码实现方法）要强、分析实用性 A_p（针对不同的防护策略、密码部署环境、输入条件）要强，这些常可通过改进测量设备或方法 E_Q，以及提高对侧信道泄漏模型 M 的刻画能力和对区分器 P 的构建能力、对侧信道泄漏预处理能力 R、对秘密信息的分析能力 T、密钥判决能力 D、离线分析能力 O 等来实现。

需要说明的是，与传统密码设计安全评估相比，考虑到密码侧信道分析对象和分析方法的差异性，密码实现安全评估增加了分析通用性和分析实用性，同时更加注重在给定条件下的分析成功率。一般来说，分析通用性和分析实用性是一对既相互对立又相互统一的矛盾体。一方面，如果一种攻击方法的分析通用性强，则它必然建立在抽取出各种侧信道泄漏的共性刻画和利用的基础上，难免会丧失对个性化的侧信道泄漏的分析，使得分析实用性不强；与之对应，如果一种攻击方法的分析实用性强，则它必然建立在对侧信道泄漏的全视角刻画和利用的基础上，难免会过于专用，使得攻击的分析通用性不强。另一方面，对侧信道分析的通用性和实用性的研究又可加深对侧信道泄漏的共性与个性特征的划分，促进彼此的发展。

第 4 章

对称密码芯片设计

随着信息化的高速发展，信息安全对经济发展、社会治理产生了重大影响，一旦信息泄漏或被恶意更改，将造成难以挽回的结果。因此，保护信息安全尤为重要，而对信息进行加密可以在一定程度上实现这个目标。其中，对称密码芯片能够对信息进行加密，实现信息安全。密码芯片通常在专用集成电路上集成个人识别码（PIN），它比传统的依赖算法加密信息安全。虽然现在已有很多不同类型的加密算法，但对称加密算法仍然是目前最常用的加密算法。

对称加密方案包含以下 5 个基本组成部分。

（1）明文：未经加密处理的消息数据。

（2）加密算法：对明文进行加密的规则。

（3）密钥：加/解密过程使用的被保密的参数。

（4）密文：经过加密处理的消息数据。

（5）解密算法：对密文进行解密的规则。

想要安全地使用对称加密算法，要满足以下两个条件。

（1）确保加密算法的强度。确保加密算法能够在攻击者知道其存在并获取一个或多个密文时仍然保持机密性，即不能破译密文或计算出密钥。更高的要求是，即使攻击者拥有一定数量的明密文对，也不能通过它们来破译密文或计算出密钥。

（2）确保密钥传输的机密性。注意密钥的生成和管理，如果密钥被攻击者获取，并且攻击者了解解密算法，那么所有使用此密钥加密的密文都能被破解。

在对称密码芯片设计中，密钥传输的机密性是最重要的安全问题。整个对称加/解密过程如图 4.1 所示。其中，明文 M 由发送者生成。目前，在加/解密时，最常用的是二进制表。加密时生成密钥 K，明文经过密钥 K 及加密算法生成相应的密文 C。接收者收到密文后，用与加密时相同的密钥 K，以及相应的解密算法将密文 C 转换成明文 M。

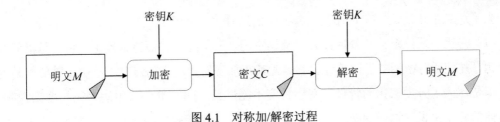

图 4.1 对称加/解密过程

上述过程就是整个对称加/解密过程，且密钥 K 决定加/解密算法的具体表达。

拥有密钥 K 的接收者可以对密文实现以下操作而得到明文：$M = D(K,C)$。其中，$D()$ 表示解密过程。

假设密文 C 被攻击者获取，但是该攻击者并不清楚密钥 K 或明文 M。如果攻击者知道加/解密算法，那么他可能会尝试计算明文的估计值来获得明文 M。但在通常情况下，攻击者还会想要获取接下来的信息，即尝试通过对密钥进行估计来恢复密钥 K。

4.1　算法结构与实现

为了使由密钥确定的算法足够复杂，在设计算法结构与实现的过程中，应遵循香农提出的扩散和混淆原则。

扩散和混淆原则是香农为了应对统计分析而提出的，由于扩散和混淆抓住了设计分组密码的本质，因此成为现代分组密码最本质的操作。该理论也成为密码算法设计的基石。

扩散原则的目的是隐藏明文的统计特性，将每位明文的影响作用到尽可能多的密文位中。

混淆原则的目的是掩盖密文与密钥之间的关系，使密文或密钥相似而密钥或密文差异巨大，以阻止攻击者通过统计特性找到密钥。

香农提出的著名迭代密码结构——SPN 结构就是根据扩散和混淆原则而来的。

此外，著名的 DES 算法是由 Feistel 结构发展而来的，该结构是由 IBM 公司的 Horst Feistel 在 20 世纪 60 年代末发明的，其出现是为了设计出 Lucifer 密码。后来在 Lucifer 密码的基础上形成了广为人知的 DES 算法，E2、FEAL、GOST、LOKI、Blowfish 及 RC5 等分组密码也都采用了 Feistel 结构。

4.1.1　密钥生成算法

通信双方必须选择适当的密钥以确保算法的安全性，这是整个通信过程中极其重要的一环。在密码学中，有一类密钥被称为弱密钥或半弱密钥，指的就是能够被攻击者轻松破译的不适当的密钥。除此之外，有些密钥可能在特定的加密算法或环境中无法有效地生成密文，这类密钥被称为坏密钥。

为了避免上述情况，在设计及生成密钥的过程中，密钥的安全性应该满足以下要求。

（1）密钥必须保密且具备足够大的密钥空间。为了防止密钥穷举攻击，必须尽可能消除弱密钥，并使所有密钥处于同等好状态。尤其在加密轮数较多的情况下，往往需要很长的密钥。但是，为了方便密钥的管理，密钥长度不能过长。DES 算法采用的密钥长度为 56 位，对目前的应用来说，这样的密钥长度显得过短。对于密钥较短的加密算法，在实际应用中，通常在加密过程中采用公开的密钥扩展算法，将原密钥扩展为足够长的密钥，但这种方法有可能遭到密钥相关攻击。

（2）在绝大多数情况下，加/解密算法由密钥确定。为了提高算法的安全性，加密算法应该尽可能复杂，并且应该遵循扩散和混淆原则。这样做的目的是增加明文和密钥的复杂性，它们之间没有简单的可预测关系，从而使攻击者难以破解加密信息。这种方法旨在保护加密算法免受已知攻击的影响。例如，攻击者采用差分攻击和线性攻击，算法必需的非线性度必须足够高，从而实现明文和密钥的扩散与混淆。这样，攻击者在破译时就不能简单地使用线性技术，而只能采用暴力破解，即穷举法，这样的要求可以提高算法的抗攻击能力。

归纳起来，在进行算法设计时，要结合实际情况，尽可能增加密钥长度，使密钥确定的算法足够复杂，以保证安全层面的要求。

现代通信技术中需要生成大量密钥，分配给系统中各节点或实体，使得密钥生成自动化极为重要。密钥生成自动化的出现不但缓解了人工制造密钥所需的人力及经济压力，更重要的是提高了密钥的安全性及机密性，有效消除了一些由人为差错引发的泄密情况的发生。目前，密钥采用硬件或软件生成技术来生成。

1. 密钥硬件生成技术

噪声源技术在密钥硬件生成技术中扮演着至关重要的角色，原因是它能够生成随机二进制比特串或对应的随机数。此外，在物理层加密的环境下，噪声源可以实现信息填充，从而使网络具备抵抗流量分析的能力。当采用序列密码时，它也有防止乱数空发的功能。在对等实体鉴别等身份验证技术中，噪声源技术也有不错的表现。而且，在为防止口令被窃取而设置的随机应答技术中，提问与应答也都由噪声源控制，由此可以看出噪声源技术在信息安全传输中的广泛应用及重要地位。

作为可以生成二进制随机序列的技术，噪声源技术通常能够输出伪随机序列、物理随机序列、准随机序列。

（1）伪随机序列：可通过人为确立的规则生成和复现，近似随机序列的特性在其上也有体现。此外，伪随机序列还具有良好的可经受理论检验的随机统计性。尽管伪随机序列具有近似随机序列的特性，但其劣势在于当序列长度超过其周期时，其就变得可预测。常见的伪随机序列包括 m 序列、M 序列和 R-S 序列。

（2）物理随机序列：可以由客观物理过程产生，这些过程包括热噪声、量子力学现象、光子发射等。而温度、电源、电路特性等因素都会对物理噪声造成影响，因此其产生的序列在抗统计分析上表现稍差，无法称之为真随机序列。

（3）准随机序列：结合数学和物理方法生成，具有较好的随机性。

2. 密钥软件生成技术

ANSI X9.17-1985（美国国家标准）定义了一种生成密钥的方法，如图 4.2 所示。

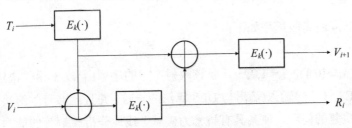

图 4.2 ANSI X9.17 密钥生成过程

ANSI X9.17 密钥生成算法实际上采用了 3DES，其目的是在系统中产生一个伪随机密钥会话。

V_0 是一个 64 位的种子密钥，其中，时间标记用 T_i（$i=0,1,2,\cdots$）表示；对明文进行的 3DES 加密用 E_k 表示（k 是发生器保留的一个特殊密钥）。可通过下式生成随机密钥 R_i（$i=0,1,2,\cdots$）：

$$R_i = E_k(E_k(T_i) \oplus V_i)$$
$$V_{i+1} = E_k(E_k(T_i) \oplus R_i)$$

对于 $n \times 64$ 位密钥，只要通过上式生成 n 个 64 位的密钥，并将其按一定顺序串接起来就可以了。

针对不同类型的密钥，其生成方式也存在差异。密钥主要可分为主密钥、密钥保护钥、会话密钥。

主密钥的主要功能在于操控其他子密钥（密钥保护钥和会话密钥）的生成，通常源自数据表中的一个随机数，经过线性变换后得出，以确保密钥具备不可预测性。然而，在实践中，机器和线性变换算法生成的密钥都能被预测。为了最大限度地提高其不可预测性，需要确保数据表中有足够多的可用数据。

密钥保护钥可由密钥管理中心分发，也可通过用户端应用主密钥生成。唯有密钥流发生器方能执行对密钥保护钥形成的密钥表进行增加、删除、修改等操作，而此密钥表在传递过程中以机密形式传递至其他客户端。若一个通信网由 n 个用户组成，那么任意一对用户之间的保密通信需要 $n(n-1)/2$ 个密钥保护钥来保证。但是如果用户数量过多，则无法完全保证每个密钥保护钥都不被攻击或窃取。因此，在满足多用户保密通信的前提下，要尽可能地提升密钥保护钥的防攻击及窃取能力，这需要在设计密钥保护钥算法时就予以关注。

会话密钥可由用户端在需要通信时，在密钥保护钥的控制下，通过一个非线性移位寄存器或 DES 加密算法等动态生成，从而满足一次一密的要求。

3. 密钥生成实例

根据上述内容，下面介绍一种基于 Logistic 混沌离散模型的密钥生成实例。

为了实现混沌运动，要在密钥生成过程中设置确定性方程。混沌运动是在确定性运算中局限于有限空间的高度不稳定运动，并且可以通过确定方程的参数和初值来获得想要实现的混沌现象。

一维 Logistic 混沌离散模型如下：

$$x_{(i+1)} = \mu x_i (1-x_i)$$

其中，$\mu \in [0,4]$；$x_i \in (0,1)$，$i = 1,2,\cdots$，且该映射产生的序列由 μ、x_0 和 i 决定。

该改进的 DES 算法的输入/输出与 DES 算法的一致，并且能够有效解决 DES 算法 56 位密钥长度过短、重复的问题，使其具有抗暴力破解、线性分析破解等的能力。该密钥生成算法的具体流程如图 4.3 所示。其中，在 Logistic 混沌离散模型中输入的初始 μ、x_0、i 只要相同，就能够实现加/解密时使用的密钥同步。

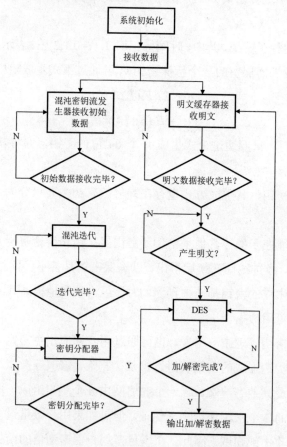

图 4.3　基于 Logistic 混沌离散模型的密钥生成流程

4.1.2　加/解密算法结构

算法结构是加/解密算法的基础，常用的迭代算法结构有 SPN 结构、Feistel 结构等。

SPN 结构由香农根据扩散和混淆原则提出，SAFER 和 SHARK 等著名密码算法都采用了 SPN 结构。

SPN 结构是一种采用扩散和混淆的迭代密码结构，如图 4.4 所示，其基本操作是 S 变换（代换）和 P 变换（置换）。在每轮加密中，首先对加密明文做 S 变换，然后对其做 P 变换。将本轮生成的密文作为下一轮输入的明文，并对上述过程进行迭代。其中，S 变换又称为 S-box，起到混淆作用；P 变换又称为 P-box，起到扩散作用。

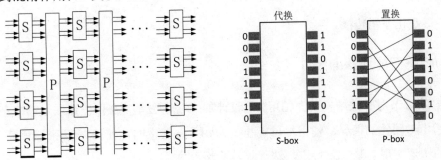

图 4.4　SPN 结构及代换、置换操作

除了 SPN 结构，Feistel 结构也是一种迭代乘积（包含代换和置换操作）加密结构。对于分组长度为 2ω、迭代轮数为 n 的 Feistel 结构，其加密过程如图 4.5 所示。加密逻辑如下：

$$S_i = P_{i-1},\quad i = 1,2,\cdots,n$$

$$P_i = S_{i-1} \oplus F(P_{i-1}, K_i),\quad i = 1,2,\cdots,n$$

长度为 2ω 的明文被分为 S 和 P 两部分，且 $K_1, K_2, \cdots, K_n$ 为密钥 K 生成的 n 个子密钥。每轮加密对 S 与 P 做如上运算并更新，最终经过 n 轮迭代生成密文。

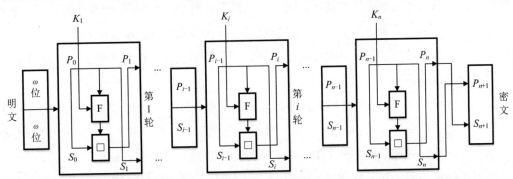

图 4.5　Feistel 结构的加密过程

在上述加密结构的基础上，根据密钥生成一个复杂的加密算法是必要的。但是在设计出复杂的加密算法的同时，要考虑其在软/硬件上的运行效率。因此，为了方便软/硬件实现，

还应该充分考虑以下几点要求。

（1）运算易于软/硬件实现。例如，在 DES 加密算法中，将每个 64 位分组均分为若干子组，每个子组的长度可以为 8 位、16 位或 32 位。如果使用软件进行加/解密，则简化计算流程，同时尽可能采用基本运算。若为了使硬件实现变得容易，则密钥生成表应该是加/解密过程中仅有的区别。因此，加/解密应能够使用同一设备来实现。除此之外，密码算法在设计阶段应该更多地考虑使用规则的模块化结构，如子密钥生成等，能够更高效地利用资源，在软件或硬件中快速完成。

（2）数据扰动。在采用同态置换和随机化加密技术时，可以选择使用数据扰动，以提高算法的安全性。

（3）最小化差错传播。

4.1.3 加/解密算法核心

根据 4.1.2 节对算法结构的介绍可知，设计加/解密算法时，在保证算法足够复杂的同时，要根据使用软/硬件的情况，使用尽可能小的密钥及存储空间，使得加/解密运算简单，易于软/硬件的快速实现。基于此特点，迭代算法应运而生。

对于对称迭代算法，子密钥生成算法、S-box、P-box、轮函数 F 和迭代轮数等是至关重要的。其中，4.1.1 节已经介绍了子密钥生成算法，本节主要介绍其他核心部分。

1. S-box 设计

S-box 主要为加密算法提供必要的混淆作用，是很多密码算法中唯一的非线性部件。S-box 设计需要遵循以下准则。

（1）非线性度。对于线性密码分析，关键步骤在于构造单轮有效线性逼近，而单轮有效线性逼近往往依托于 S-box 线性逼近。因此在线性密码分析中，S-box 的非线性度越大越好。

（2）代数次数与项数分布。S-box 的项数过少或代数次数过低都会给加密算法带来直接的影响。代数次数过低，密码会面临高阶差分密码分析的攻击；代数项数太少，将导致差值攻击的成功率提高。

（3）差分均匀性。在差分密码分析中，需要引入差分均匀性来度量密码函数抵抗差分密码分析的能力。

（4）可逆性。对称迭代算法中的 S-box 必须是可逆的，从而保证解密。

（5）完全性。完全性是指通过加密算法，所有的输入数据都能够影响每位输出数据。

（6）雪崩效应。雪崩效应是指一个输入比特的变化能够改变大概一半的输出比特。若雪崩效应满足完全性，则称其为严格雪崩准则。

（7）无陷门。S-box 又称"黑盒"，在 S-box 的设计中，应该使用户相信没有陷门。

S-box 可分为基本 S-box 与可变 S-box，两种 S-box 的生成方法分别如下。

（1）基本 S-box。

① 随机生成 256 位数据。

② 调整数据，使之满足字节平衡性，并且没有不动点。

③ 计算数据的差分概率，公式为

$$\mathrm{DP_{BS}} \stackrel{\mathrm{def}}{=} \max_{\Delta X \neq 0, \Delta Y} \frac{\#\left\{x \in X \mid \mathrm{BS}(x) \oplus \mathrm{BS}(x \oplus \Delta x) = \Delta y\right\}}{2^n}$$

其中，$n=8$，当计算出的概率大于 2^{-4} 时，返回步骤①。

④ 计算数据的线性概率，公式为

$$\mathrm{LP_{BS}} \stackrel{\mathrm{def}}{=} \max_{\Gamma_x, \Gamma_y \neq 0} \left(\frac{\#\left\{x \in X \mid x\Gamma_x = \mathrm{BS}(x)\Gamma_y\right\} - 2^{n-1}}{2^{n-1}} \right)^2$$

其中，$n=8$，当计算出的概率大于 2^{-4} 时，返回步骤①；若不是，则最后调整好的 256 位数据能够作为基本 S-box 使用。

（2）可变 S-box。

使用 8 阶素多项式 $m(x) = x^8 + x^5 + x^3 + x + 1$ 构造线性反馈移位寄存器（LFSR）。此外，利用初始密钥生成 BK1 和 BK2 两个特殊字节子密钥。

① 如果 BK1 不为 0，则 LFSR 的初始状态为 BK1，运行得到 255 个不同的字节 LFSR_i。可变 S-box 的第 BK2 个字节为基本 S-box 的最后一个字节，第 i 个字节为基本 S-box 的第 LFSR_i 个字节，最后一个字节为第 BK2 个字节。

② 如果 BK1 为 0，则可以通过互换基本 S-box 的第 BK2 个字节和最后一个字节来生成可变 S-box。

2. P-box 设计

P-box 在迭代网络中主要起到扩散作用，其本质是一个置换（或一个可逆的线性变换）操作。P-box 的目的是实现雪崩效应，从而进一步提升扩散和混淆程度。

P-box 的分支数越多，其抵抗差分密码分析的能力越强。因为 P-box 的分支数越多，对应的活动 S-box 个数越多，从而想要通过差分密码分析来进行攻击就需要选择更多的明文。

多维 2-点变换扩散器的结构如图 4.6 所示，令每个输入都为 n 位，盒子 2-TRA 是 $Z_{2^n} \times Z_{2^n} \to Z_{2^n} \times Z_{2^n}$ 的线性变换。

Transform Shuffle 是置换 $T:\{1,2,\cdots,2^D\} \to \{1,2,\cdots,2^D\}$，且保证从第 1 层的每个 2-TRA 到第 D 层的每个 2-TRA 有一条路径。

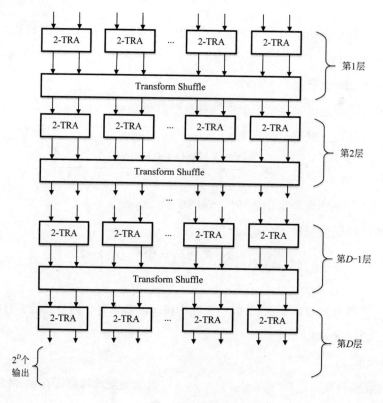

图 4.6　多维 2-点变换扩散器的结构

3. 轮函数设计

轮函数是迭代分组密码中单轮加密算法的非线性函数。

轮函数的设计准则应该包含以下 3 点。

（1）安全性。保证轮函数对应的密码算法能够抵抗强大的攻击算法。

（2）迭代轮数与处理速度。轮函数的迭代轮数直接决定密码算法的加/解密速度。对于轮函数的迭代轮数设计，目前存在两种趋势：一是构造较为复杂的轮函数，这样，每层轮函数都可以有效抵抗差分密码分析和线性密码分析攻击，但是由于轮函数较复杂，为了提升算法的加/解密速度，对应的迭代轮数减少；二是构造简单的轮函数，虽然这类轮函数本身可能不足以抵抗差分密码分析和线性密码分析攻击，但是因为每层轮函数的处理速度快，所以迭代轮数增多，当轮函数的各项安全性指标适当时，仍然可以构造出安全的密码算法。

（3）灵活性。轮函数设计越灵活，其在多平台、多处理器上的扩展性越好。这一设计准则也被应用于最新的分组密码算法标准 AES。

为了设计出更加安全、高效的轮函数，要始终以设计准则为标准。

4.1.4　DES 算法的轮函数及仿真实例

在 DES 算法中，轮函数是其能够完成多轮迭代，实现加/解密的关键部分。其中，轮函

数 F 和第 i 个子密钥 k_i 共同决定了第 i 层轮函数 F_i。轮函数本质上是一个单轮 SPN。从整体上来说，其每轮输出密钥都是由子密钥 $K_i \in \{0,1\}^{48}$ 和 $R \in \{0,1\}^{32}$ 来计算 $F(K_i,R)$ 的。详细来说，首先复制一半的 R，将其扩展为 48 位的 R'：

$$E(R) = R'$$

然后对 R' 和 K_i 进行异或运算，得到运算结果 K_i'：

$$K_i' = R' \oplus K_i$$

接着将 K_i' 分块，每块为 6 位，分为 8 块，并将每块都作为输入，输入 S-box，在 S-box 中经过代换操作，输出为 4 位；随后将 8 个 S-box 串联起来，生成 32 位输出；最后把该结果作为输入，输入 P-box 做置换操作，从而获得经过轮函数 F 运算的最终输出结果。DES 算法的轮函数结构如图 4.7 所示。

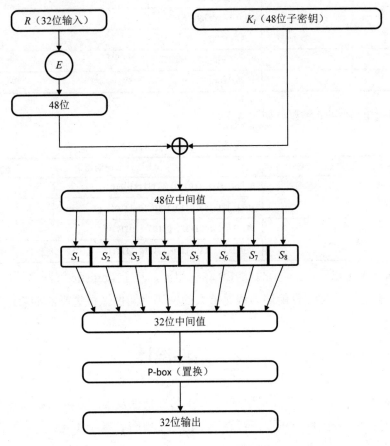

图 4.7　DES 算法的轮函数结构

　　下面分别用原始 DES 算法和基于 Logistic 混沌离散模型的 DES 算法对相同的文本进行加密处理。

　　待加密文本，即明文为"Hello World!"，使用原始 DES 算法对其进行加密，加密结果如表 4.1 所示。

表 4.1　原始 DES 算法加密实例

数据块	数据
明文	Hello World!
加密密钥	1186248
密文	U2FsdGVkX1+9vyZ2ev3vdEwpm/NhCM6FN4jBTNO0hkg=
解密密钥	1186248
解密结果	Hello World!

使用基于 Logistic 混沌离散模型的 DES 算法对文本进行加密，加密结果如表 4.2 所示。

表 4.2　基于 Logistic 混沌离散模型的 DES 算法加密实例

数据块	数据
明文	Hello World!
加密密钥	x_0=0.3，μ=3.9，na=300
密文	}ù?fU?? ?t?<????
解密密钥	x_0=0.3，μ=3.9，na=300
解密结果	Hello World!

算法实例中的分组加密数据如表 4.3 所示。

表 4.3　算法实例中的分组加密数据

分组明文数据块	分组密钥
Hello Wo	0111011011011011011111111111101101
	1011011111111011011110110110111011
rld!	0111111011101111110110110111011110
	1101111011110111101111110101111111

从实例对比中可以看出，与原始 DES 算法相比，基于 Logistic 混沌离散模型的 DES 算法的初始密钥具有无穷性，且能够组成足够大的密钥空间以抵抗穷举法的攻击。

4.2　硬件设计

随着互联网的迅速发展，人们对通信过程中的安全性及实时性要求越来越高，传统的芯片设计方案难以满足安全性要求而正在逐渐退出历史舞台。基于 EDA 技术的芯片设计正在成为电子系统设计领域的主流。

ASIC 是为了满足特定的要求而设计制造的电路。ASIC 具有体积小、功耗低、可靠性高、性能高及机密性强等优势。此外，ASIC 相比于通用集成电路，其在大规模生产时更有优势；但在小批量生产时，其成本较高，此时可以考虑使用 FPGA。

FPGA 是一种应用广泛的可编程逻辑元器件。与 ASIC 相比，FPGA 具有开发周期短、可静态可重复编程，以及支持动态在线系统重构等特点，这使得它在降低成本的同时，能够显著缩短开发周期，并提高电子系统设计的灵活性和通用性。目前，基于 FPGA 的硬件加/解密技术已经深入应用到了安全领域，并且成为其研究热点。

4.2.1 基于 FPGA 的 DES/3DES 加密系统

ASIC 可分为以下两种。

（1）全定制设计。全定制设计的优势是灵活性好、运行速度快，但存在开发效率低、需要大量人力和物力的缺陷，这是由于其需要设计者完成全部电路设计。

（2）半定制设计。对于半定制设计，设计者在进行电路设计时，可直接从库中选择多种已经完成布局的逻辑单元设计系统。

DES/3DES 及 AES 加密算法都是典型的对称加密算法，随着 FPGA 的广泛应用，基于 FPGA 的 DES/3DES 加密系统，以及基于 Nois II 的 AES 加/解密系统应运而生。本节介绍在两种典型对称加/解密算法基础上生成的 2.56Gbit/s 对称密码芯片的硬件设计系统。

基于 FPGA 的 DES/3DES 加密系统，其硬件设计采用高速设计中的常用方法——流水线模式设计，其适用于处理流程有若干步且处理的数据都是单流向无反馈的加/解密系统。这种系统使用流水线模式设计方法可以有效提高其工作频率，原因是流水线系统在加/解密过程中复制了处理模块，诠释了 FPGA 中面积换取速度的思想。

模块设计是流水线模式设计的重要组成部分，基于 FPGA 的 DES/3DES 加密系统使用 3 个 DES 模块做成流水线，每个 DES 模块都是一个独立的运算块，可分别进行运算，且运算过程中每个 DES 模块的密钥满足 $K_1=K_2=K_3$。循环全部打开后，仅需要一个时钟就可以完成一个数据块的加/解密。

除此以外，S-box 设计也是算法的关键。因为除 S-box 以外的运算都是线性的，容易分析和实现，而 S-box 则是非线性的，所以设计出好的 S-box 对于提高整个系统的性能具有重要作用。S-box 在设计过程中需要使用 ROM，将输入的 6 位作为地址，对应地址空间中存放的 4 位待输出，这样设计的好处是可以缩短系统的运算时间，从而有效解决 S-box 的时间瓶颈。

4.2.2 基于 Nois II 的 AES 加/解密系统

前面提到，相比于 DES 的 56 位密钥，AES 的密钥长度有 3 种，分别是 128 位、192 位、256 位，其最短的密钥的机密性比 DES 的密钥的机密性强 1021 倍。AES 是目前非常安全且运算效率相当高的对称加密算法，基于 Nois II 的 AES 加/解密系统早已成为一种实用、高效且安全的加/解密系统，其中，Nois 处理器的设计过程是在计算机上使用软件进行的，位文件会被生成并用于配置 FPGA 芯片。这个过程可以认为是将设计文件中的逻辑烧录到 FPGA 芯片中，以便实现 Nois 处理器的功能，而不是使用与 ARM 一样的固定芯片实现。基于 Nois II 的 AES 加/解密系统采用了可编程片上系统（PSoC）技术，即将处理器、存储器等都集成到 FPGA 的 SoC 解决方案中，具有灵活的设计方式和可裁剪、可扩充、可升级的特点，并且能够在系统上对软/硬件进行编程。PSoC 结构图如图 4.8 所示。

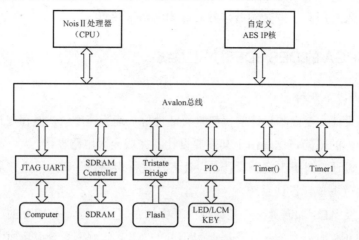

图 4.8　PSoC 结构图

　　首先，在缓冲池中存入待处理数据；然后，用分组状态机从缓冲池中以每组 128 位的方式读取数据，在 FPGA 内部，预处理单元由 AES 加/解密模块组成，用于选通需要处理的数据；最后，在 Nois II 处理器的控制下，由嵌入式的 AES 接口获取数据并传入 AES 组件，完成对数据的加密或解密操作。

　　AES IP 核作为 PSoC 结构的重要组成部分，是以 AES 算法的数据块为研究对象来设计的。首先，由于考虑到 IP 核的可移植性，因此采用 Avalon 总线接口规范；其次，采用模块化设计将该 IP 核的核心模块划分为 7 个，分别为有限状态机、密钥扩展、轮密钥异或、字节替换、行移位、列混淆和多路复用器。IP 核结构图如图 4.9 所示。IP 核的整个迭代过程由有限状态机模块和多路复用器模块共同控制，通过这样的设计，IP 核能够高效、可靠地完成 AES 加/解密算法的运算，大大提高了系统的加/解密效率和安全性。

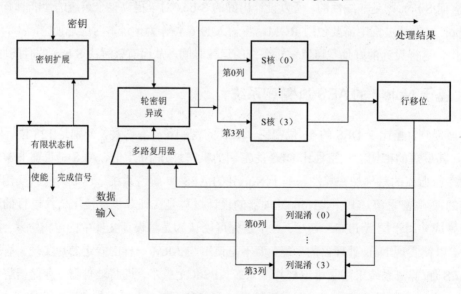

图 4.9　IP 核结构图

4.2.3 2.56Gbit/s 对称密码芯片

在上述 DES 与 AES 加/解密硬件设计系统的基础上，提出了 2.56Gbit/s 对称密码芯片的硬件设计，其系统结构图如图 4.10 所示。该对称密码芯片由输入控制单元、密钥扩展单元、加/解密核心单元、反馈控制单元、输出控制单元组成。

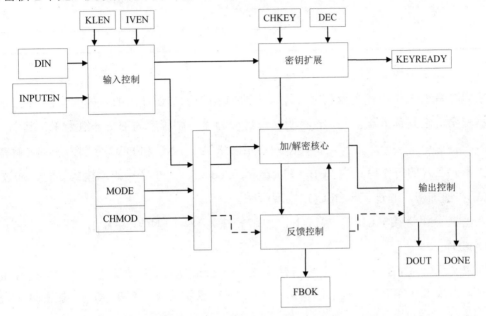

图 4.10 2.56Gbit/s 对称密码芯片的硬件设计系统结构图

下面对 2.56Gbit/s 对称密码芯片系统的输入端、输出端进行详细介绍。

（1）输入端。

① DEC 的高低电平可用于指示其工作状态，其中，低电平表示芯片处于加密状态，高电平表示芯片处于解密状态。

② INPUTEN 表示输入使能信号，它的作用是启动写操作。DIN 的作用是传入数据。芯片通过初始向量有效信号 IVEN 和密钥长度指示信号 KLEN 分辨数据类型。有关这两个信号的具体信息请参考表 4.4。

表 4.4 2.56Gbit/s 对称密码芯片的输入数据指示引脚配置

IVEN	KLEN	数据类型
1	xx	初始向量
0	11	256 位密钥
0	10	192 位密钥
0	01	128 位密钥
0	00	加/解密使用的数据

③ MODE 表示芯片的工作模式。当 CHMOD 有效时，MODE 被读入内部寄存器，改变

芯片的工作模式，具体如表 4.5 所示。

表 4.5　2.56Gbit/s 对称密码芯片的工作模式引脚配置

MODE	工作模式
11	OFB
10	CFB
01	CBC
00	ECB

其中，前 3 种为反馈模式，第 4 种除外。

密码芯片的工作模式是指利用芯片自带的加/解密算法设计出的各种安全密码系统，对于数据安全，它具有重要意义。若将明文分组称为 X_j，则相应的密文分组为 Y_j。其中，当 j 为 0 时，将这个密文分组公开，将其作为初始向量 IV。ENC 和 DEC 分别为加密与解密。

当密码芯片的工作模式为 ECB（Electronic Codebook，电子密码本模式）时，通过 $Y_j = $ ENC(X_j)实现加密，通过 $X_j = $ DEC(Y_j)实现解密。

在密文分组链接（CBC）模式下，加密算法为 $Y_j = $ ENC$(X_j \oplus Y_{j-1})$，解密算法为 $X_j = $ DEC$(Y_j) \oplus Y_{j-1}$。

在密文反馈（CFB）模式下，加密算法为 $Y_j = $ ENC$(Y_{j-1}) \oplus X_j$，解密算法为 $X_j = $ DEC$(Y_{j-1}) \oplus Y_j$。

在输出反馈（OFB）模式下，设 $K_0 = $ IV，产生密钥流 $K_j = $ ENC(K_{j-1})。加密算法为 $Y_j = $ ENC$(X_j \oplus K_j)$，解密算法为 $X_j = $ DEC$(Y_j \oplus K_j)$。

④ CHKEY 为换钥信号，其功能是清除所有子密钥。

（2）输出端。

① FBOK 是 CFB 模式下允许数据输入的信号。当密码芯片处于 CFB 模式下时，必须等待该信号有效后才能输入数据。

② KEYREADY 是子密钥扩展完成后的信号。密钥输入完成后，必须等待此信号有效后才能开始进行加/解密运算。

③ DONE 是加/解密操作完成后的输出有效信号。在每个时钟周期内，DONE 都会被检测一次，若该信号有效，则可以通过读取端口 DOUT 上的数据来获取加/解密结果。

4.3　AES 加密芯片仿真与性能分析

本节针对 AES 加密芯片进行仿真实验与性能分析。仿真实验主要在硬件电路上实现改进后的流水线 AES 加/解密结构，并与原非流水线结构的 AES 加/解密结构进行对比，得到性能提升参数，对采用两种结构的 AES 加密芯片进行详细的性能分析。

4.3.1 采用流水线结构的 AES 加密芯片设计

本系统数据分组和密钥均采用 128 位长度，划分为 I/O 模块（IOM）、密钥扩展模块（KEM）、轮计数器（RC）模块、加/解密模块（CEM）、轮密钥存储模块（RSKM）和主控制模块（MCM）等。MCM 发出控制信号，调度其他模块。开始加/解密时，IOM 接收密钥并送入 KEM，后者进行密钥扩展后将新密钥存入 RSKM。CEM 处理数据，得到的明/密文用 IOM 进行输出。RC 产生计数信号，控制密钥扩展和加/解密过程，具体设计如图 4.11 所示。

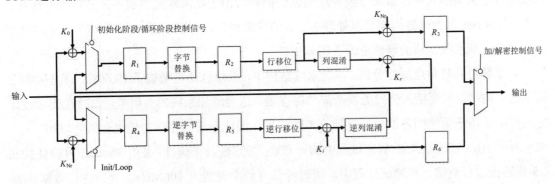

图 4.11 流水线 AES 的整体结构

128 位的密钥 AES 运算含 11 轮迭代，需要产生 10 个子密钥，密钥扩展需要 11 个时钟（含初始密钥输入），加/解密 1 轮需要 2 个时钟，1 组数据需要 22 个时钟，故本设计加/解密数据需要 33 个时钟。加/解密整体并行，可进一步优化以提高运行速度。

4.3.2 AES 加密芯片仿真与性能分析

使用 Quartus II 5.0 平台作为仿真与功能验证的实验环境，硬件电路采用 VHDL 来描述。用 Stratix EPIS25F1020 C5 芯片进行密钥和数据都为 128 位的仿真与功能验证。表 4.6 展示了两种结构处理数据的速度对比。

表 4.6 两种结构处理数据的速度对比

	加密	解密	整体
非流水线结构	1075.67Mbit/s	830.48Mbit/s	814.66 Mbit/s
流水线结构	1633.86Mbit/s	1273.83Mbit/s	1246.37Mbit/s
性能提升	51.89%	53.38%	52.99%

可以看出，引入流水线结构后，系统的加/解密性能有明显提升，原因是引入流水线结构后，大大减小了关键路径的长度，并且将时钟频率由原来的 70.01MHz 提高到了 107.11MHz，整体处理数据的速度提高了 **52.99%**。

两种结构的资源消耗及功耗比较如表 4.7 所示。

表 4.7　两种结构的资源消耗及功耗比较

	逻辑元件	内存位	系统总功耗
非流水线结构	1687	75776	811.5/mW
流水线结构	1865	43008	970.64/mW
性能提升	10.55%	−56.76%	19.60%

可以看出，流水线结构相比于非流水线结构占用了更多的逻辑元件，这主要是由于在流水线结构中需要插入寄存器来分段处理数据。但同时由于在流水线结构中，通过硬件优化，一个 8 位 S-box 每个时钟周期可以处理 2 字节的字节替换，因此其占用内存位降低了 56.76%。综合考虑，流水线结构的硬件资源占用率更低。

从系统总功耗角度进行分析，在流水线结构下，系统总功耗增加了 19.60%。这是因为在流水线结构中，需要插入分段处理所需的寄存器，这会增加系统的占用量，同时在流水线运算过程中，由于系统的各部分一直处于工作状态，因此系统的整体功耗也会随之增加。

对于 AES 密码系统加/解密过程中的可靠性、稳定性及正确性，采用 Stratix EPIS25F1020 C5 电路板进行测试。在测试过程中，将时钟信号频率设置为 100MHz，分别进行数据加/解密测试。由实验结果可知，当频率为 107.11MHz 时，AES 能够平稳运行，并且达到 1.24Gbit/s 的吞吐率。

综上，本仿真实验可以说明，AES 经过优化后，虽然增加了逻辑元件和系统总功耗，但极大地减小了关键路径的长度，提高了 AES 的整体运行时钟频率和吞吐率。

第 5 章

非对称密码芯片设计

几千年来，所有的古典密码系统都基于代换、置换或两者的组合。在算法研究的早期阶段，研究主要依赖人工计算。直到第二次世界大战中德国旋转式加/解密机的出现，才使传统的对称加密技术取得了长足的进步。利用电子机械旋转可以开发出极其复杂的加密系统，甚至可以由计算机设计更复杂的系统。其中，最著名的示例是 IBM 使用 Lucifer 算法的思想设计的数据加密标准（DES）。对称加密模型如图 5.1 所示。

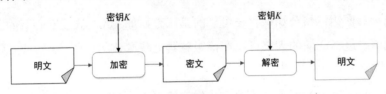

图 5.1　对称加密模型

非对称加密与以前的古典加密完全不同。首先，非对称密码算法利用数论的函数；其次，它体现了加/解密的非对称性，需要使用两个密钥，即公钥和私钥。加/解密的非对称性使其在消息机密性、密钥分配及身份验证领域有着广泛的应用前景。对于密码系统，如果加密和解密分别使用不同的密钥，并且不可能通过加密密钥（公钥）计算出相应的解密密钥（私钥），这样的加密体制称为非对称加密体制，也称公钥加密体制。到目前为止，RSA 算法是所有非对称密码系统中使用最广泛的算法。非对称加密模型如图 5.2 所示。

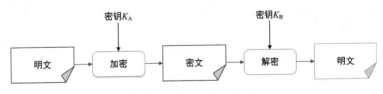

图 5.2　非对称加密模型

RSA 算法的主要目的是确保网络消息传输的安全性。它主要解决私钥传输中的不安全问题和数字签名实现的身份认证问题，并及时判断信息是否被中间人攻击篡改，从而保护消息的可靠性。

非对称密码算法依赖公钥及其对应的私钥。这些算法具有一个重要特征，即仅凭算法和某个密钥无法推测出另一个密钥。

除此之外，有些算法（如 RSA 算法）还有一个特点，即两个密钥可以互换使用。

如图 5.3 所示，非对称密码体制主要有 6 个组成部分。

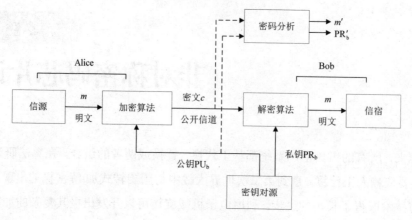

图 5.3　非对称密码体制

算法的主要步骤如下。

用户生成一对密钥，将公钥保存在可靠的第三方，如 CA（认证中心）的服务器上。任何希望与特定用户进行通信的人都可以在该服务器上获取该用户的公钥，而私钥则仅为用户本人所知。

应用场景：Alice 希望将信息（明文）m 发送给 Bob，Alice 使用 Bob 的公钥来加密 m 并将其发送；Bob 接收加密后的信息（密文）c，用只有自己知道的私钥 PR_b 进行解密，得到 m。

5.1　RSA 加密及其硬件设计基础

5.1.1　RSA 密码体制

RSA 的主要硬件模块组成框图如图 5.4 所示。

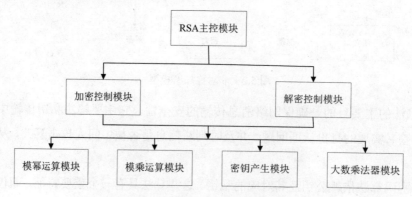

图 5.4　RSA 的主要硬件模块组成框图

1. RSA 算法的数学原理

RSA 算法的数学形式极其简洁。

由明文转换为密文的过程，即加密过程如下：

$$C = M^e \bmod n$$

由密文转换为明文的过程，即解密过程如下：

$$M = C^d \bmod n$$

其中，M 是明文；C 是密文；$n = pq$，p、q 均为质数；$d = e^{-1}\bmod((p-1)(q-1))$，为确保 d 存在，e 一般也为质数，(n,e) 组成了公钥，(d,p,q) 组成了私钥。

2. RSA 算法描述

RSA 算法的明文和密文采用分块形式，范围为 $0 \sim n-1$，是一个整数，在正常情况下，n 为 1024 位二进制数或 309 位十进制数，即 n 不大于 $2^{1024}-1$。

RSA 算法采用幂运算，以组为单位对明文进行加密，每组的二进制位均小于 n，在实际操作时，分组通常为 a 位，其中 $2^a < n \leqslant 2^{a+1}$。加密过程先对明文分组 M 进行幂运算，再对结果进行模 n 运算，得到密文分组 C；解密过程先对密文分组 C 进行幂运算，再对结果进行模 n 运算，得到明文分组 M：

$$C = M^e \bmod n$$

$$M = C^d \bmod n = \left(M^e\right)^d \bmod n = M^{ed} \bmod n$$

其中，n 为公共参数；e 为发送方的参数；d 为接收方的参数。由此可知，RSA 算法的公钥为 $\mathrm{PU} = \{e,n\}$，私钥为 $\mathrm{PR} = \{d,n\}$。为了使该算法适用于非对称加密，必须满足以下条件。

（1）可以找到 e、d 和 n，使得对所有 $M < n$，有 $M^{ed} = M \bmod n$。

（2）对所有 $M < n$，计算 M^e 和 C^d 是比较容易的。

（3）由 e 和 n 确定 d 是不可行的。

首先，$M^{ed} = M \bmod n$。当 e 和 d 互为模 $\phi(n)$ 的乘法逆时，上述关系式成立，其中，$\phi(n)$ 为欧拉函数。对大质数 p 和 q，有 $\phi(pq) = (p-1)(q-1)$。e 和 d 的关系如下：

$$ed \bmod \phi(n) \equiv 1$$

等价于

$$ed \equiv 1 \bmod \phi(n)$$

$$d \equiv e^{-1} \bmod \phi(n)$$

其中，d 和 e 是模 $\phi(n)$ 的乘法逆元。根据数论中模运算的性质，仅当 d 与 $\phi(n)$ 互质（因此 e 也与 $\phi(n)$ 互质），即 $\gcd(\phi(n),d) = 1$ 时，d 和 e 才是模 $\phi(n)$ 的乘法逆元。

下面是 RSA 算法用到的元素。

（1）两个质数 p、q（保密的、选定的）。

（2）$n=pq$（公开的、计算得出的）。

（3）e，满足 $\gcd(\phi(n),e)=1$，$1<e<\phi(n)$（公开的、选定的）。

（4）$d \equiv e^{-1}(\mathrm{mod}\,\phi(n))$（保密的、计算得出的）。

在此，私钥为 $\{d,n\}$，公钥为 $\{e,n\}$。假定用户 A 已公布了其公钥，用户 B 要发送消息 M 给用户 A，则用户 B 计算 $C \equiv M^e \bmod n$，并发送 C；在接收端，用户 A 计算 $M \equiv C^d \bmod n$ 以解密出消息 M。

图 5.5 归纳了 RSA 算法。

生成密钥	
选择 p、q	p 和 q 都是质数，$p \neq q$
计算 $n = pq$	
计算 $\phi(n) = (p-1)(q-1)$	
选择整数 e	$\gcd(\phi(n),e)=1$，$1<e<\phi(n)$
计算 d	$d \equiv e^{-1}(\mathrm{mod}\,\phi(n))$
公钥	$\mathrm{PU}=\{e,n\}$
私钥	$\mathrm{PR}=\{d,n\}$

加密	
明文	$M < n$
密文	$C = M^e \bmod n$

解密	
密文	C
明文	$M = C^d \bmod n$

图 5.5　RSA 算法

5.1.2　模乘算法与模幂算法

目前有两种部分积与乘积项的累加方法。其中，一种是 LSB-first 方法，即从低位开始扫描乘数。在该方法中，先将乘积项与右移的部分积对齐，再移除和存储不参与运算的部分积低位部分，只保留高位部分和乘积项，进行累加运算。这样不会扩展加法运算的位宽。另一种是 MSB-first 方法，即从高位开始扫描乘数。在该方法中，加法运算的位宽随着部分积的左移而扩展。由以上两种方法得到的数据位宽都与两个乘数的位宽和相同。其中，前者适合在硬件上实现，后者适合在软件上实现，应根据应用场景和需求的不同选择不同的方法。

1. 模乘算法

蒙哥马利模乘算法将 LSB-first 和模运算相结合，令模数为奇数 N（$N<2^n$），输入为 A 和 B，为了使 LSB-first 方法中右移的部分积为 0，需要根据每个部分积的最低位来确定是否进行模运算。

JB 模乘算法将 MSB-first 与模运算相结合，令输入为 A 和 B，模数为 N，在每次部分积左移与乘积项累加后，需要舍去超出 2^n-1 的高位部分 $w_i = (2V_i + a_{n-1-i}B) \operatorname{div} 2^n$，即进行一次模运算。同时，为了能够将每次模加结果限制在 $3N$ 以内，还需要将余下的低位部分加上修正值 $D_w = w(2^n \bmod N)$，最终得到输出为 $\mathrm{JB}(A,B,N) = AB \bmod N$。

Hybrid 算法的实现需要并行 JB 和蒙哥马利模乘算法，并把它们的计算结果结合在一起，这一过程需要进行一次类 JB 模加运算。因此，Hybrid 算法的运算速度相比于前两者提高了一倍，但是，它的模乘电路面积也是前两者的总和。

可扩展混合模乘（Shyb）算法需要使用可扩展蒙哥马利（SMM）模乘算法和可扩展 JB（SJB）模乘算法，这两种算法都是基于模乘运算的，它们使用字长作为模乘器宽度的参数。要实现 Shyb 算法，令 m 为操作数分割字数，n 为字宽，输入为 A 和 B，模数为 N，低位由 SMM 模乘算法计算得 $A_{\mathrm{L}}B(2^{-mn/2} \bmod N)$，高位由 SJB 模乘算法计算得 $A_{\mathrm{H}}B \bmod N$，两者相模加得 $AB(2^{-mn/2} \bmod N)$。

蒙哥马利模乘算法有 5 种实用的算法，分别为 CIOS、FIPS、FIOS、SOS 和 CIHS。下面简单介绍其中应用最广的 CIOS 和 FIPS 算法。

CIOS 算法描述如图 5.6 所示。

CIOS 算法本质上是在原始的蒙哥马利模乘算法中，将 3 次大数乘法分成多次 w 位整数之间的加法。它同时计算 A 和 B 的部分积与 t/r，在此之中，后者被分摊到每个周期中实现。CIOS 算法需要进行 $2s^2+s$ 次 w 位的乘法、$4s^2+4s+2$ 次加法，并需要 $s+3$ 个临时存储单元。

FIPS 算法描述如图 5.7 所示。

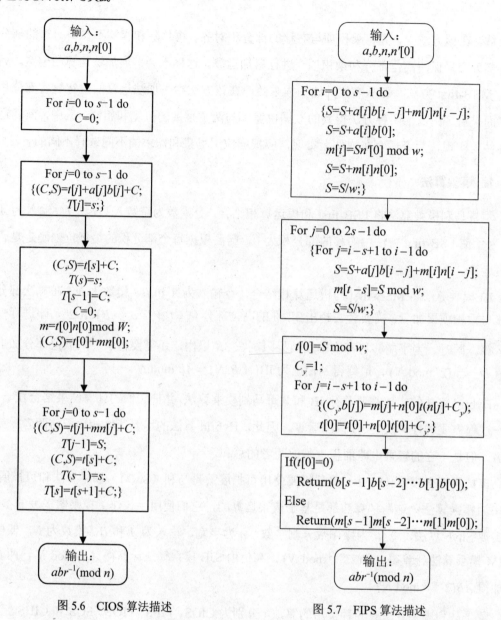

左图（图5.6 CIOS算法描述）：

输入：
$a,b,n,n[0]$

For $i=0$ to $s-1$ do
$C=0$;

For $j=0$ to $s-1$ do
$\{(C,S)=t[j]+a[j]b[j]+C$;
$T[j]=s;\}$

$(C,S)=t[s]+C$;
$T(s)=s$;
$T[s-1]=C$;
$C=0$;
$m=t[0]n[0] \bmod W$;
$(C,S)=t[0]+mn[0]$;

For $j=0$ to $s-1$ do
$\{(C,S)=t[j]+mn[j]+C$;
$T[j-1]=S$;
$(C,S)=t[s]+C$;
$T(s-1)=s$;
$T[s]=t[s+1]+C;\}$

输出：
$abr^{-1}(\bmod n)$

图 5.6　CIOS 算法描述

右图（图5.7 FIPS算法描述）：

输入：
$a,b,n,n'[0]$

For $i=0$ to $s-1$ do
$\{S=S+a[i]b[i-j]+m[j]n[i-j]$;
$S=S+a[i]b[0]$;
$m[i]=Sn'[0] \bmod w$;
$S=S+m[i]n[0]$;
$S=S/w;\}$

For $j=0$ to $2s-1$ do
$\{$For $j=i-s+1$ to $i-1$ do
$S=S+a[j]b[i-j]+m[i]n[i-j]$;
$m[t-s]=S \bmod w$;
$S=S/w;\}$

$t[0]=S \bmod w$;
$C_y=1$;
For $j=i-s+1$ to $i-1$ do
$\{(C_y,b[j])=m[j]+n[0]t(n[j]+C_y)$;
$t[0]=t[0]+n[0]t[0]+C_y;\}$

If$(t[0]=0)$
Return$(b[s-1]b[s-2]\cdots b[1]b[0])$;
Else
Return$(m[s-1]m[s-2]\cdots m[1]m[0])$;

输出：
$abr^{-1}(\bmod n)$

图 5.7　FIPS 算法描述

FIPS 算法需要进行 $2s^2+s$ 次乘法、$6s^2+2s+2$ 次加法、$9s^2+8s+2$ 次读操作和 $5s^2+8s+1$ 次写操作。加法、读、写操作需要 $s+3$ 个字的存储单元。

2. 模幂算法

RSA 算法的主要部分是模幂运算，将模幂运算分解为连续的平方和乘法运算是一种常用的优化方法。通常使用蒙哥马利模乘算法实现平方和乘法运算。以下是几种常见的模幂算法。

（1）算法 1，二进制从左至右模幂算法（LR）。

输入：M、N、正整数 $e=(e_{i-1},\cdots,e_1,e_0)_2$

输出：$C=M^e \bmod N$

① $C = 1$

② For $k = i - 1$ downto 0

Ⅰ $C = C^2 \bmod N$

Ⅱ If $(e_k == 1)$ then $C = CM \bmod N$

③ Return C

（2）算法 2，二进制从右往左模幂算法（RL）。

输入：M、N、正整数 $e = (e_{i-1}, \cdots, e_1, e_0)_2$

输出：$C = M^e \bmod N$

① $C = 1$

② $B = M$

③ For $k = 0$ to $i - 1$

Ⅰ If $(e_k == 1)$ then $C = CB \bmod N$

Ⅱ $B = B^2 \bmod N$

④ Return C

上述两种算法是非常相似的，它们都会进行一次平方运算，并且是否进行乘法运算也都取决于幂指数标志位的值，如果幂指数标志位为 1，则进行乘法运算；如果幂指数标志位为 0，则跳过。两者的不同之处在于，幂指数的循环顺序相反，以及在这一过程中，算法 1 的平方运算在乘法运算前，而算法 2 则相反。这个计算过程会一直循环，直到运行到幂指数的最高位。

（3）算法 3，二进制混合模幂算法（RL+LR）。

输入：M、N、正整数 $e = (e_{i-1}, \cdots, e_1, e_0)_2$

输出：$A = M^e \bmod N$

① $A = 1$

② $B = M$

③ 令 W=某个特定值（1～i-2）

④ For $k = w$ to $i - 1$

Ⅰ If $(e_k == 1)$ then $A = AB \bmod N$

Ⅱ $B = B^2 \bmod N$

⑤ For $k = w - 1$ downto 0

Ⅰ $A = A^2 \bmod N$

Ⅱ If $(e_k == 1)$ then $A = AM \bmod N$

⑥ Return A

上面的算法在运算前会先确定一个特别的数，它被用作两个随机数运算的密钥比特位数的中间值，包括这个中间值，往左由低位到高位运行 RL 算法；从中间值往右，由高位到低位运行 LR 算法。例如，密钥为 256 位，那这个中间值就可以设定为 $1\sim254$ 内的任意一个值，假设为 127，则 $(e_{i-1},\cdots,e_{128},e_{127})$ 将进行 RL 运算，$(e_{126},\cdots,e_1,e_0)$ 将进行 LR 运算。

5.1.3　FPGA 设计流程

1. FPGA 实现

FPGA 是对 PAL（可编程阵列逻辑）、GAL（通用阵列逻辑）等可编程设备的进一步发展。作为一种半定制电路，FPGA 既克服了 ASIC 的定制化缺陷，又弥补了原始 PAL 不支持大规模门电路的不足。总体而言，FPGA 是一种可以通过编程改变内部结构的芯片。

FPGA 相较于 ASIC 具有显著的优势。ASIC 存在两大缺陷，首先，它是专用芯片，其适用性和可扩展性有限；其次，由于 ASIC 仅适用于某种功能，完成其他功能需要设计另外的专用芯片，导致时间和人力成本增加。而 FPGA 解决了这些问题。

FPGA 的应用场景非常广泛，它适用于所有与嵌入式相关的产品开发。由于 FPGA 本身适合并行计算，因此它本质上是硬件上的可编程器件。相比之下，ASIC 一旦确定，大部分操作依赖软件执行，而软件在执行速度上无法与硬件上的 FPGA 相媲美。

FPGA 设计流程可以分成设计输入、功能仿真、综合、实现、时序仿真和配置下载（器件编程）6 部分。FPGA 设计的一般流程如图 5.8 所示。

（1）硬件描述语言（HDL）主要用于设计输入。

（2）功能仿真是一种逻辑仿真方法，仅用于测试和验证设计组件的功能是否符合原始设计要求。该方法不涉及任何时间信息，也不考虑具体硬件设备的特性，如延迟时间。

（3）综合是 FPGA 设计流程中非常重要的步骤，旨在将由高级语言描述的电路代码转换为实际的硬件电路，同时优化电路的速度、功耗、成本和类型等约束条件，以满足特定的设计要求。综合的输出通常是一个完整的电路设计。

（4）实现是指使用具体的实现工具将逻辑电路转换成目标设备的物理布局，包括资源映射、逻辑优化、布局与布线等步骤，最终生成可在目标设备上运行的二进制文件。实现由以下 4 部分组成。

① 映射。

② 布局与布线。

③ 时序提取。

④ 配置。

（5）时序仿真与功能仿真不同。布线后，提取并模拟时间序列参数，如设备延迟和连接延迟，这称为后仿真，模拟电路在真实设备上的操作。

（6）配置下载是在验证了正确的逻辑功能和时序之后，将经过综合和实现的设计映射到特定的 FPGA 芯片上。这一过程包括生成位流文件，并将该文件下载到芯片中，以实现所需的功能。这部分也被称为芯片编程，将设计烧录到 FPGA 芯片上，使其能够执行特定的任务。

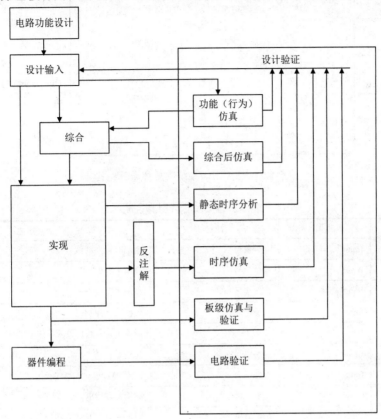

图 5.8　FPGA 设计的一般流程

Altera 公司的 Stratix II 系列 EP2S30F672C 芯片被选用作为本设计的硬件平台。该芯片包含 27104 个可编程逻辑单元（ALUT，算术逻辑单元查找表）、202 个 512 位存储块（M512）、144 个 4×1024 位存储块（M4K）、1 个 M-RAM 嵌入式存储块，总共有 1369728 字节的存储容量，还包含 6 个锁相环（PLL）。RSA 模幂运算电路占用的资源如表 5.1 所示。

表 5.1　RSA 模幂运算电路占用的资源

器件类型	资源占用		
	每字节总可编程逻辑单元数	每字节总存储位数	每字节总锁相环数
EP2S30F672C	18710	6380	1

2. 整体设计

RSA 核心算法系统分为上层的模幂运算和下层的模乘运算。图 5.9 展示了 RSA 密码系统的总体设计结构，表 5.2 列出了 RSA 芯片引脚说明。

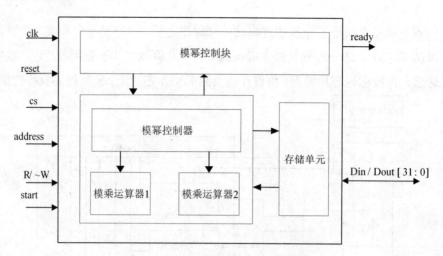

图 5.9　RSA 密码系统的总体设计结构

表 5.2　RSA 芯片引脚说明

引脚	类型	功能	信号描述
clk	Input	时钟信号	全局时钟控制信号
reset	Input	复位信号	高电平有效
cs	Input	片选信号	高电平有效
address[4:0]	Input	地址信号	数据输入控制
R/~W	Input	读/写控制信号	高电平时，数据输入；低电平时，数据输出
start	Input	启动信号	高电平有效
Din[31:0]	Input	数据输入	32 位的数据输入总线
ready	Output	运算完成信号	数据可以输出，高电平有效
Dout[31:0]	Output	数据输出	32 位的数据输出总线

　　根据每个控制信号的指示，该系统执行模幂乘法运算的各个步骤，包括系统复位、数据加载、模幂运算、模乘运算和输出运算结果。

3．存储器的选择

　　输入数据包括明文 M、模数 N、密钥 E，以及模乘运算所需的 $R^2 \bmod n$ 和 $N'[0]$。根据 $S = S + a[j]b[i-j] + m[j]n[i-j]$，用双端口 RAM 来存储数据 a、b、m 及 n，$N'[0]$ 使用存储器存储，密钥 E 使用移位寄存器存储，中间变量 M_i 需要一个 32 位的寄存器和一个 (32×32) 位的 RAM 来存储。存储器引脚说明如表 5.3 所示，RAM 接口图如图 5.10 所示。

表 5.3　存储器引脚说明

名称	大小/位	描述
E_reg	32	存储密钥 E，从右至左移位，若 E 为 1，则更新 B2_RAM 为模乘运算结果；若 E 为 0，则 B2_RAM 保持不变

名称	大小/位	描述
A_RAM	32×32	存储 a，两个模乘器共享此寄存器，除第 1 轮外，它的数据来源为模乘运算器 1 的每轮运算结果
B1_RAM	32×32	存储模乘运算数据 b 和模乘结果，它的数据来源与 A_RAM 的数据来源相同，用于模乘器 1 的 b 数据输入
B2_RAM	32×32	存储数据 b，它的数据来源为模乘器 2 的运算结果
N_RAM	32×32	存储模数 n，模乘的数据来源，两个模乘器共享
M1_RAM	32×32	存储模乘中间结果 M_i 和模乘结果，模乘数据来源于模乘器 1
M2_RAM	32×32	存储模乘中间结果 M_i 和模乘结果，用于模乘器 2
N'0_reg	32	存储模乘数据来源 $N[0]$
D_RAM	32×32	存储模乘器 2 的运算结果

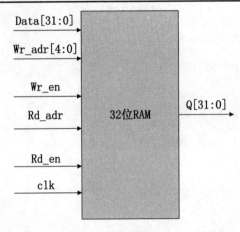

图 5.10　RAM 接口图

4．模乘器

如图 5.11 所示，两个模乘运算器和一个模乘控制器组合起来就构成了一个模乘器。模乘器引脚说明如表 5.4 所示。模乘器要用于完成逻辑运算和数据存储功能。模乘器的硬件构造和设计方法请参照计算机组成原理。模乘控制器是一种有限状态机，由计数器和译码器实现，生成控制代码以完成模乘运算。

表 5.4　模乘器引脚说明

引脚	类型	功能	信号描述
clk	Input	时钟信号	采用同步时钟，模乘器的 clk 与系统的 clk 相同
reset	Input	系统复位信号	由系统外输入
rst_m	Input	模乘复位信号	高电平有效，对模乘器进行清零复位
start_m	Input	模乘器启动信号	高电平有效，开始进行模乘循环
A[31:0]	Input	输入数据	32 位的数据输入总线
B[31:0]	Input	输入数据	32 位的数据输入总线

续表

引脚	类型	功能	信号描述
M[31:0]	Input	输入数据	32 位的数据输入总线
N[31:0]	Input	输入数据	32 位的数据输入总线
N'[0]	Input	输入数据	32 位的数据输入总线
ready_m	Output	模乘完成信号	高电平有效，反馈给模幂控制器，产生下一轮模乘运算的 rst_m 信号
data_out[31:0]	Output	输出数据	32 位的数据输出总线

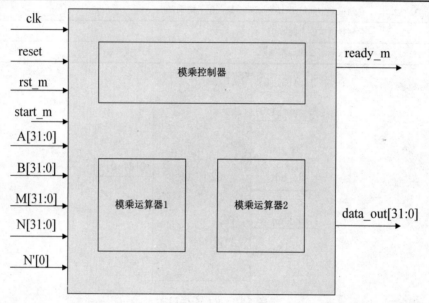

图 5.11　模乘器的结构

5．性能分析

本设计采用双时钟，分别为系统时钟 CLOCK_S 和内部时钟 CLOCK_F，其中，前者为慢时钟，后者为快时钟。本设计的时钟周期估算以系统时钟 CLOCK_S 为准。整个模幂运算过程包括操作数装载、预运算、主运算、后运算和结果输出 5 个阶段。其中，预运算、主运算和后运算 3 个阶段需要完成 $1+r+1$ 次相同的模乘运算。

在非扩展模式下，每轮模乘运算都需要 68 加上操作数长度 l 的一半的时钟周期，即 $68+l/2$；加上操作数装载和结果输出所需的时钟周期数，在幂指数 e 的有效位数为 r 的情况下，最终要实现一次完整的模幂运算大约需要 $33+32.8+(1+r+1)(68+l/2)+32$ 个时钟周期。

在扩展模式下，每轮模乘运算都需要 53 加上操作数长度 l 个时钟周期，即 $53+l$。从第 1 组数据的输入到最后一组最终结果的输出，大约需要 $65+64.8+(1+r+1)(53+l)+64$ 个时钟周期。根据结论，当指数 E 和模数 N 的有效长度均分别为 512、1024 和 2048（位）时，模幂运算共分别需要 166857、595401 和 4307691 个时钟周期。

5.2　RSA 加密芯片的数据通路设计

内部总线宽度的选择对于 RSA 加密芯片数据通路设计是至关重要的，它会影响芯片内部各功能部件的硬件接口构造。从性能角度来说，64 位总线的芯片数据通路优于 32 位的，32 位的优于 16 的。从理论上来说，采用 32 位和 16 位总线的芯片数据通路进行数据交换，在同等数据量情况下，后者使用的时间是前者使用的时间的 2 倍。尽管采用 32 位总线的芯片数据通路增加的硬件资源略多于 16 位的，但是由于交换时间缩短，因此整个系统性能提升更为明显。表 5.5 所示为 RSA 加密芯片硬件资源消耗比较表。

表 5.5　RSA 加密芯片硬件资源消耗比较表

已使用资源	32 位内部总线数	16 位内部总线数
全局时钟网	1	1
4 输入查找表	10893	9905
切片（或逻辑切片）	6009	5781
绑定的输入/输出块（IOB）	72	72
触发器	4334	4213

RSA 加密芯片要完成完整的加密工作，需要通过总线获得 3 个必要的算法数据：明文 M、幂指数 e、模数 n。

因此，本设计采用 1024 位密钥长度的 RSA 加密芯片，其中，密钥可以用 3 个 1024 位的寄存器来存储。通过进一步分析模幂运算式，可以发现 3 个输入在模幂运算中扮演着不同的角色。

在整个 RSA 加密芯片的数据处理过程中，需要不断进行模 n 运算。在 RSA 加密芯片输入数据时，模数 n 从外部总线获取并存储到一个寄存器中。在接下来的加/解密过程中，该寄存器中存储的模数 n 应保持不变。为了方便，这里将该寄存器命名为寄存器 n。

RSA 加密芯片数据通路总体设计如图 5.12 所示。

在 RSA 加密芯片的输入明文阶段，首先，明文 M 从外部总线存储到一个被称为 A 的寄存器中；然后，等待常量 $r^{2n} \bmod n$ 的计算结果，并将其与寄存器 A 中暂存的明文 M 进行蒙哥马利模乘运算。为了计算常量 $r^{2n} \bmod n$，需要保存模数的相反数，将其存储到另一个寄存器中，并命名为寄存器 B。

这两个寄存器的主要作用是暂存中间结果，包括模幂运算和 SRT 除法的计算结果。

寄存器 E 用于存储幂指数 e，其宽度为 32 位，即与外部总线宽度相同，因此，为了实现高效的 RSA 加密芯片，寄存器 E 的存储宽度应与每个时钟周期可以读取的数据宽度相同。为了不明显增加 RSA 加密芯片的时序控制逻辑的复杂性，需要采用控制器对幂指数进行按需输入，这同时可以减少处理时间和降低硬件资源的消耗。

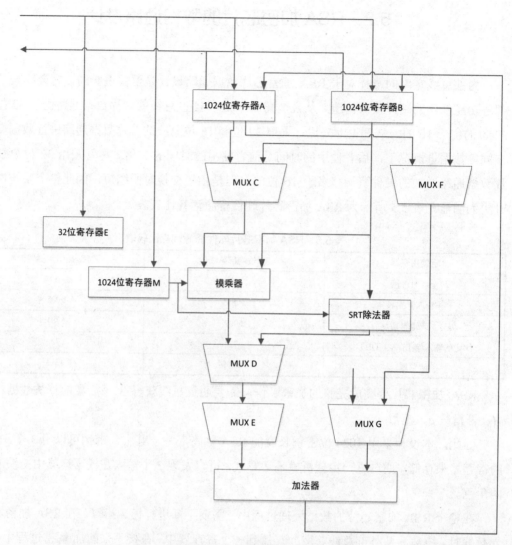

图 5.12　RSA 加密芯片数据通路总体设计

　　总而言之，虽然对所有总线的读取原始采取不同的寄存器，但 RSA 加密芯片中的寄存器都具有相同的功能，即用于暂存运算的中间结果或外部原始数据。

5.3　RSA 加密芯片的控制器设计

5.3.1　RSA 加密芯片数据处理流程

　　RSA 加密芯片有着基本线性的数据处理流程。但某些局部运算可以进行并发操作。为了得到正确的运算结果，控制器需要严格控制数据通路。RSA 加密芯片数据处理流程如图 5.13 所示。

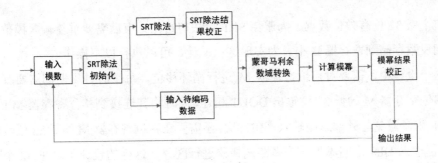

图 5.13 RSA 加密芯片数据处理流程

（1）输入模数。

在 RSA 加密芯片中，模数需要稳定地存储在某个寄存器中以进行相关运算。在输入模数时，控制器会将移位寄存器 M 的移位使能信号置为有效，在每个时钟周期内，移位寄存器 M 首先右移 32 位，舍去低 32 位；然后从外部总线获得高 32 位，这是由于总线宽度为 32 位。从理论上来说，输入 1024 位的模数需要 32 个时钟周期。

（2）SRT 除法初始化。

SRT 除法是用来计算 $r^{2n} \bmod M$ 的。在 SRT 除法初始化阶段，需要先求出模数的相反数，如图 5.14 所示。取反后，将结果存储在寄存器 B 中备用。在输入模数阶段，模数会被存储在移位寄存器 M 中。为了完成 SRT 除法初始化，移位寄存器 M 中的值会被取反后加 1 并存储在寄存器 B 中。

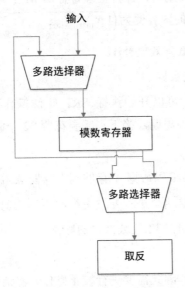

图 5.14 取模数求相反数示意图

RSA 加密芯片的内部总线宽度为 32 位，因此无法在 1 个时钟周期内对移位寄存器 M 中的值求相反数。为完成该任务，可以利用移位寄存器 M 的移位使能信号，在 32 个时钟周期内完成移位对移位寄存器 M 的操作。需要注意的是，在每个时钟周期后，移位寄存器 M 默认丢弃整个低 32 位有效位数据。为避免 SRT 除法初始化结束后需要重新输入模数，可以将模数的相反数存储到寄存器 B 中。为实现这一设计，可以执行以下操作。

在这个设计中，需要对移位寄存器 M 进行循环移位，每个时钟周期都需要有一个取反部件与移位寄存器 M 的低 32 位输出 DOUT 相连，同时将其连接到移位寄存器 M 的高 32 位输入 DIN。为了避免与外部总线输入产生冲突，还需要在移位寄存器 M 的低 32 位输出 DOUT 和高 32 位输入 DIN 之间添加一个多路选择器进行区分。这样的设计可以在 32 个时钟周期内完成移位寄存器 M 的值取反并将其存储到寄存器 B 中，而不需要重新从外部总线输入获得模数。

可以简化 RSA 密码体制的实现，因为在 RSA 中，模数为奇数，即移位寄存器 M 的最低有效位 $M(0)=1$。

假设 $M=\left(X_{1023}X_{1022}\cdots X_2X_11\right)$，则有

$$-M=\bar{M}+(00\cdots01)=\left(\overline{X_{1023}}\ \overline{X_{1022}}\cdots\overline{X_2}\ \overline{X_1}\ 0\right)+\left(00\cdots01\right)=\left(\overline{X_{1023}}\ \overline{X_{1022}}\cdots\overline{X_2}\ \overline{X_1}\ 1\right)$$

可见，M 的最低有效位始终为 1，因此只需对移位寄存器 M 的高 1023 位进行取反操作，并将最低有效位置 1。简化方法是，在取反阶段，通过多路选择器，在每个时钟周期内选择移位寄存器 M 的 32～1 位，而不是低 32 位数据；同时，利用移位使能信号来驱动，在每个时钟周期内，模数寄存器右移 32 位。多路选择器的存在使得低 32 位数据被重新写回高 32 位，不会丢失。在 32 个时钟周期后，保持移位寄存器 M 的内容不变，且完成高 1023 位数据的取反。此时，寄存器 B 中的内容变为 $\left(1\ \overline{X_{1023}}\ \overline{X_{1022}}\cdots\overline{X_2}\ \overline{X_1}\right)$。在 SRT 除法阶段，只需去掉最高有效位上的 1，并在最低有效位补 1。

（3）SRT 除法/输入待编码数据。

SRT 除法初始化结束后，可以开始执行 SRT 除法操作。根据 SRT 除法算法，计算 $2^{2048}\bmod M$ 需要 2×1024 个时钟周期，接下来需要花费 32 个时钟周期将 SRT 除法结果通过加法器写回寄存器 B。

在 RSA 加密芯片中，将待编码数据 X 存储到寄存器 A 中至少需要 32 个时钟周期，这与输入模数的过程是相同的。这两个进程并发进行而不影响对方。SRT 除法运算结束后，就开始执行需要幂指数的第一部分（32 位数据）的操作。

（4）SRT 除法结果校正。

SRT 除法结果可能为负数，因此需要进行校正操作，将结果与模数相加。具体的实现方法是，通过加法器计算 $B=B+M$。数据通路为将左、右输入分别与寄存器 B 和 M 相连，完成加法运算需要 32 个时钟周期。加法运算完成后，结果被重新写回寄存器 B，以便进行下一个阶段的蒙哥马利余数域转换，这个过程同样需要 32 个时钟周期。移位寄存器 M 要在这个阶段采取循环移位策略。

（5）蒙哥马利余数域转换。

蒙哥马利余数域转换实际上就是对两个寄存器中的内容进行模乘。计算 $B=\text{Mont}(A,B)$（耗时 1024 个时钟周期），并将模乘结果存储到寄存器 B 中（耗时 32 个时钟周期）。因为蒙哥马利余数域是封闭的，所以在后面计算模幂的过程中，其中间结果不需要做任何转换，直到获得最后的模幂结果。

（6）计算模幂。

RSA 加密芯片数据处理流程中最复杂、最耗时的阶段是计算模幂阶段。

初始化 R-L 模式模幂算法：在待编码数据 X 的蒙哥马利余数域转换阶段结束后，$Xr^n \bmod M$ 存储在寄存器 B 中，用 1 替换寄存器 A 中的原始待编码数据 X，具体在控制器的控制下实现，除第 1 个周期存储 1 外，其余周期全部存储 0。由此完成模幂运算的整个初始化过程。在迭代 1024 次后，完成整个模幂运算。根据幂指数当前位 e_i 判断每次迭代进行模乘的次数。

① 当 $e_i = 1$ 时，寄存器 A 中存储的是 $A=\text{Mont}(A,B)$，在寄存器 B 中重新写回 $B=\text{Mont}(B,B)$。

② 当 $e_i = 0$ 时，只在寄存器 B 中写回 $B=\text{Mont}(B,B)$。

控制器对整个计算模幂阶段进行严格控制，幂指数当前位 e_i 应在模幂每次迭代前准备完毕。因位模幂每次迭代耗时较长，所以幂指数获取可以与模幂并行执行。

模乘运算耗时 1024 个时钟周期，并且每次模乘结束后重新将结果写回寄存器 B 或 A 耗时 32 个时钟周期。因此，计算模幂每次迭代至少执行 1 次模乘运算，至多执行 2 次模乘运算，分别耗时 $1024 \times (1024+32)$ 个时钟周期和 $1024 \times (2 \times (1024+32))$ 个时钟周期。

（7）模幂结果校正。

根据模幂结果与模数做差的符号进行下一步结果的输出。寄存器 A 存储此时的模幂结果，移位寄存器 M 存储模数，利用加法器计算 $B=A+(-M)$。$-M$ 与在 SRT 除法初始化中的计算方法相同，即对 M 取反后加 1，耗时 32 个时钟周期。在寄存器 B 中重新写回加法运算结果，耗时 32 个时钟周期。

① 如果最高有效位为 1，即 $R \in (0,M)$，则直接输出寄存器 A 中的值。

② 如果最高有效位为 0，即 $R \in (M,2M)$，则直接输出寄存器 B 中的值。

（8）输出结果。

根据模幂校正结果的符号选择将寄存器 A 或 B 中的内容输出到外部总线。

5.3.2　RSA 加密芯片控制器的总体设计

整个 RSA 加密系统的核心控制部分是控制器模块。该模块主要产生存储器的读/写使能信号和算术单元的控制信号。该模块主要由计数器模块、地址生成模块、控制信号生成模块和信号延迟模块组成，如图 5.15 所示。

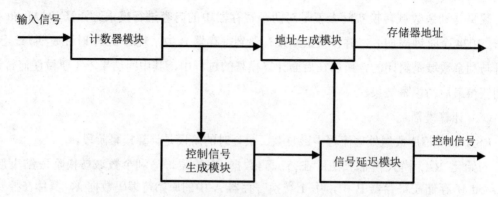

图 5.15　控制器模块的组成

（1）计数器模块：控制器模块的核心部分，为地址生成模块输出产生不同的存储器地址。

（2）地址生成模块：用于产生存储器地址，并根据计数器模块对寄存器 A、B、M 和 N 的地址进行数值计算。

（3）控制信号生成模块：基于计数器模块的输出信号，运行时间表的判断算法，算法中的不同部分产生不同的蒙哥马利算法，根据蒙哥马利算法的顺序进行控制信号生成模块的运作。

（4）信号延迟模块：用于实现控制信号的延迟。

根据前面所述可知，幂指数的获取和 SRT 除法两个进程相对于主进程是并行的。RSA 加密芯片的数据处理流程基本上是线性的。

因此，控制系统的设计采用多重有限状态机模型。该模型中的有限状态机分为两个层次，即主有限状态机和次级有限状态机。其中，主有限状态机控制次级有限状态机。所有的有限状态机由相同的初始信号初始化，使用相同的时钟。采用此模型的优点是可以将控制器拆分为多个更小的、更易于开发和测试的有限状态机。具体到设计中，控制幂指数获取的幂指数状态机和控制 SRT 除法的 SRT 状态机为次级有限状态机，控制整个数据处理流程的模幂状态机为主有限状态机。次级有限状态机由主有限状态机控制整个进程并分配信号。控制器总体设计如图 5.16 所示。

RSA 加密芯片控制器的设计除了 3 个有限状态机，还需要 2 个累加器和 2 个计数器。执行蒙哥马利模乘和 SRT 除法操作分别耗时 1024 个时钟周期与 2048 个时钟周期，并且在执行蒙哥马利模乘操作时，1024 位输入的每一位都需要迭代，因此需要 1 个计数器对此进行计数。RSA 加密芯片与外部进行交互时，数据长度的基本单位为 32 位，密钥长度为 1024 位的 RSA 加密芯片至少需要 32 个时钟周期才能完成数据的输入、输出等操作。

在处理幂指数时，1024 位数据以 32 位为一组平均分为 32 组。因此需要 2 个累加器才能记录所有数据是否处理完毕。

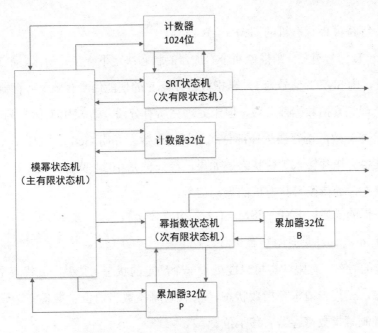

图 5.16　控制器总体设计

1. 有限状态机的 VHDL 描述

根据已建立的状态转移图和有限状态机的状态转移表,进行有限状态机的 VHDL 描述。创建一个状态机流程,在其中定义状态转换。有限状态机的 VHDL 描述遵循如下模式:

```
PROCESS (CURRENT_ STATE,输入信号)
    BEGIN                                           --状态初始化
      CASE CURRENT_ STATE IS
        WHEN STATE_1                                --状态 STATE_ 1
          CURRENT_ STATE <= STATE_ 2;               --状态转移
          …
          WHEN STATE__N
          CURRENT_ STATE <= STATE_ 1;               --状态转移
      END CASE ;
        …
END PROCESS;
```

2. 幂指数状态机

幂指数状态机用来控制幂指数寄存器的行为,该状态机独立于整个控制器,对于模幂状态机完全透明。幂指数的 1024 位被分成 32 组,在模乘运算中,每次处理 1 组,每组进行 32 次模乘运算。累加器 AKKU32P 指示模幂已被处理的组数,累加器 AKKU32B 指示当前段已被处理的位数。

幂指数状态机处于空闲状态时,等待模幂状态机的启动信号。启动后,如果从外部总线获得有效的幂指数分段,则通过 GetExp_RDY 信号通知模幂状态机幂指数准备完毕并转入等待状态，开始等待模幂状态机的 GetExp_B 信号。

如果 GetExp_B 信号有效，则根据两个累加器的状态决定下一步的动作。如果还未处理完幂指数当前分段，则 SHIFT 信号为 1，幂指数寄存器 E 的使能信号有效，寄存器右移 1 位。

如果已经处理完幂指数当前分段，但未处理完所有分段，则 SHIFT 信号为 0，幂指数寄存器 E 的使能信号有效，寄存器从外部总线重新输入数据并用 GetExp_RDY 信号通知模幂状态机幂指数准备完毕并转入等待状态。如果已经处理完 1024 位幂指数，则幂指数状态机重新进入空闲状态，等待模幂状态机的启动信号。

幂指数状态机的描述：$EXP\_FSM = (Q, \Sigma, \Delta, \delta, \lambda, q_0)$。

（1）$Q = \{q_0, q_1, \cdots, q_5\}$ 是有限状态集合。

在任一确定的时刻，有限状态机只能处于一个确定的状态。其中，q_0 代表空闲状态，q_1 代表初始化状态，q_2 代表请求幂指数状态，q_3 代表幂指数当前位 e_i 准备完毕，q_4 代表等待状态，q_5 代表控制幂指数寄存器右移 1 位。

（2）$\Sigma = \{\sigma_0, \sigma_1, \cdots, \sigma_6\}$ 是有限输入字符集合。

在任一确定的时刻，有限状态机只能接收一个确定的输入。$\sigma_i = EXP\_\_G0, AKKU32P\_$
$\_RDYGETEXP\_\_B, HANDSHAKE, AKKU32B\_\_RDY$。$\sigma_0 = 10000$，$\sigma_1 = 00000$，$\sigma_2 = 01000$，
$\sigma_3 = 00001$，$\sigma_4 = 00011$，$\sigma_5 = 00111$。

（3）$\Delta = \{a_0, a_1, \cdots, a_5\}$ 是有限输出字符集合。

在任一确定的时刻，有限状态机只能接收一个确定的输出。$a_i = FINI SHED, AKKU32B\_$
$RESET, AKKU32P RESET, NEXTEXP, SHIFT E, AKU32P INC, GE TNEXTEXP RDY, ENABLE E,$
$AKKU32B\_INC$。$a_0 = 100000000$，$a_1 = 011000000$，$a_2 = 010100000$，$a_3 = 011001000$，$a_4 = 000000001$，$a_5 = 010011000$。

（4）状态转移函数 $\delta: Q\Sigma \rightarrow Q$，如图 5.17 所示。

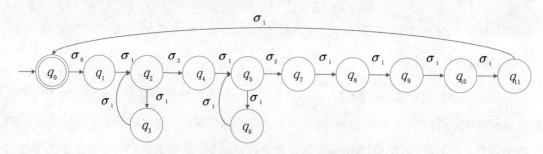

图 5.17　幂指数状态机的状态转移图

（5）$\lambda: Q \rightarrow \Delta$ 是输出函数，函数关系如表 5.6 所示。

表 5.6　幂指数状态机输出函数关系表

当前状态	输入 Q	下一状态	输出 Δ
q_0	σ_0	q_1	a_1
q_1	σ_1	q_2	a_2
q_2	σ_2	q_3	a_3
q_3	σ_1	q_4	a_4
q_4	σ_5	q_2	a_2
q_4	σ_3 / σ_4	q_5	a_5
q_4	σ_6	q_0	a_0
q_5	σ_1	q_4	a_4

① q_0：如果收到模幂状态机发送的启动信号，则切换到状态 q_1。

② q_1：此时未开始进行模幂运算，累加器 AKKU32P 和 AKKU32B 复位。

第 6 章

国密算法芯片设计

自主的密码体系在保障国家信息安全方面有着重要的战略意义。2013 年,著名的美国棱镜门事件震惊世界。为了维护国家信息安全,自 2002 年起,我国相继设计了一系列商业密码算法,这就是所谓的国密算法,从而构建和完善了我国的密码体系,其中包括对称密码算法、非对称密码算法和杂凑摘要密码算法。目前已经公布的国密算法包括祖冲之密码算法(ZUC 算法)、SM1(SCB2)、SM2、SM3、SM4、SM7、SM9、SSF33 等。其中,祖冲之密码算法、SM1、SM4、SM7、SSF33 是对称密码算法,SM2、SM9 是非对称密码算法,SM3是杂凑摘要密码算法。

6.1 国密算法介绍

6.1.1 对称密码算法

SM1 是一种基于 PKI 技术的对称密码算法,尽管 SM1 内容保密、算法公开,仅以 IP 核的形式集成在密码芯片中,工作模式仅通过加密芯片的接口来调用算法(如密文分组链接模式、输出反馈模式和模式加/解密模式等),但是其保密强度及相关性能与 AES 相当。SM1因其效率高、速度快、破解难度大的优点而广泛应用于金融、政务等各个领域,现有的智能密码钥匙、加密卡、密码芯片等安全产品都是基于 SM1 研制出来的。

SM7 是一种分组对称的流加密算法,它的分组长度和密钥长度与 SM1 的相同,均为 128位。它与 SM1 一样,均为保密内容。该算法适用于非接触性 IC 卡,实际应用包括安全门禁、校/企/园区安全一卡通应用、停车场收费、会员储值卡等。

SM4 是在 WAPI 无线网络标准中使用的分组加密算法。它采用非平衡 Feistel 结构,由两大算法构成:加密算法和密钥扩展算法。SM4 的分组长度和密钥长度均为 16 字节,目前已实现的工作模式包括输出反馈模式、密文分组链接模式、密文反馈模式、计时器模式等。SM4 的安全系数较高,可以抵抗差分、线性和代数等分析攻击,适用于无线局域网产品。

祖冲之密码算法是我国自主研发的面向字的同步序列密码算法,它采用经典的 LFSR 结构，根据 128 位的初始密钥和初始向量，生成长度为 32 位的密文序列，实现了对数据的加密和完整性保护。祖冲之密码算法具体的加密原理如图 6.1 所示。其中，上层（LFSR 层）主要提供周期大、统计特性好的源序列；中层（BR 层）从上层取出 128 位的序列并转化为 32 位的字供下层（非线性函数 F 层）使用；下层采用不同代数结构上的运算，彻底打破源序列的线性代数结构，实现明文加密。自公布以来，该算法经受住了各类密码攻击，目前尚未发现它的任何安全弱点。祖冲之密码算法在保证算法安全强度的同时降低了软/硬件实现的复杂度，可实现较高的数据吞吐量，因此广泛应用于通信速率较高的移动通信 4G 网络中。

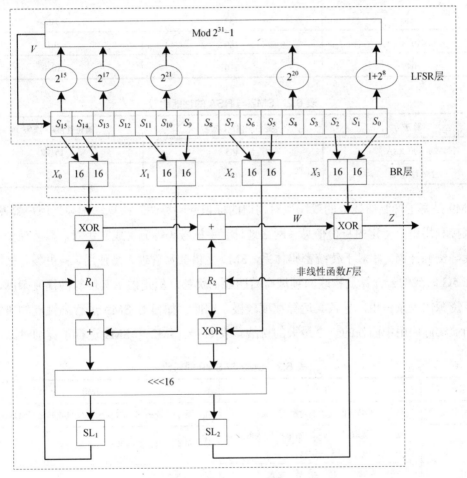

图 6.1　祖冲之密码算法具体的加密原理

6.1.2　非对称密码算法

SM2 是基于椭圆曲线上的离散对数问题（ECDLP）设计的非对称密码算法，其加密强度为 256 位，主要内容包括密钥加密算法、数字签名算法和密钥交换协议。由于目前对于 ECDLP 求解的计算复杂度为指数级，因此 SM2 能在密钥长度较短的情况下使加密后的内容更难以被破解；这提高了加密的安全性。SM2 对带宽的要求低，并且占用的存储空间小、功耗低，在安全性和实现效率上可以与国际上同类型的 ECC 加密算法相媲美或具备一定的优势，可以满足各种应用对非对称密码算法安全性和实现效率的更高要求，更适合应用在资源有限的设备中，如低功耗要求的移动通信设备、无线通信设备和智能卡等。表 6.1 和表 6.2 分别对 SM2 与 RSA 的安全性与性能进行了比较。

表 6.1　SM2 与 RSA 的安全性比较

RSA 的密钥强度位	SM2 的密钥强度位	攻破时间/年
512	106	104
768	132	108
1024	160	1011
2048	210	1020

表 6.2　SM2 与 RSA 的性能比较

算法	签名速度/（次/秒）	验签速度/（次/秒）
2048 位 RSA	455	15122
256 位 SM2	4095	871

SM9 是基于椭圆曲线上的双线性对构造的标识密码算法。该算法无须为用户签发证书，而是直接利用用户特定的身份信息（网络地址、手机号码等）生成密钥对，显著减少了运算和存储等资源开销。相对于传统密码体系，SM9 凭借其易管理、易使用、高并发、低能耗的优点在 5G 时代的云计算及物联网领域有着明显的优势。但是由于其运算的高复杂度，以及对硬件资源的大量占用，导致其运算速度较慢。因此，如何对 SM9 进行高性能的研究和设计是当前实际应用中面临的一个最大的挑战。表 6.3 对 SM2 与 SM9 进行了详细对比。

表 6.3　SM2 与 SM9 的对比

类别	SM2	SM9
安全性	高，基于椭圆曲线的非对称密码算法	高，基于椭圆曲线上的双线性对的非对称密码算法
加密难度	难，必须提取对方证书,如果不是体系内接收人（外域），则无法加密	易，可实现组、策略加密，外发加密
解密难度	一般，在客户端易，在 Web 端难	易，无须预先注册
跨域安全通信	难，必须对外发布证书，建立证书信任链	易，只需发布系统公共参数
部件协同	难，需要复杂的密钥委托和共享机制	易，具备天然密钥托管功能
密钥恢复	难，需要严格保护的密钥数据库	易，无须密钥数据库

6.1.3　杂凑摘要密码算法

SM3 是我国在 SHA-2 的基础上改进研制的唯一一个基于分组迭代的杂凑摘要密码算

法。它采用 Merkle-Damgard 结构，对于任意长度小于 2^{64} 位的消息，SM3 在完成消息填充预处理、消息扩展、64 次迭代压缩后得到 256 位的杂凑值。与 SHA-256 相比，虽然 SM3 的压缩函数整体结构与 SHA-256 的大致相似，但 SM3 增加了多种新的设计技术，如 16 步全异或操作、消息双字结合、置换等，这在提高运算效率的同时能够有效抵抗比特追踪法等密码分析、强碰撞性的差分分析和弱碰撞性的线性分析。因此，SM3 在传输通道加密、存储加密等方面应用较为广泛。SM3 与其他国际杂凑摘要密码算法的安全性对比如表 6.4 所示。

表 6.4　SM3 与其他国际杂凑摘要密码算法的安全性对比

算法	攻击类型	轮数	攻击百分比/%
SM3	碰撞攻击	20	31
	原像攻击	30	47
	区分器攻击	37	58
SHA-1	碰撞攻击	80	100
	原像攻击	62	77.5
SHA-256	碰撞攻击	31	48.4
	原像攻击	45	70.3
	区分器攻击	47	73.4

目前，我国已有多家公司以国密算法为基础，成功研发并批量生产出基于国密算法的密码芯片（国密算法芯片），并已在电子金融、电子政务、电子商务及视频加密等关键领域展现出了极高的应用价值，其中具有代表性的包括同方的 TF32A09、万协通的 A12 系列芯片、凌科芯安的 LKT4305GM、国民技术的 Z8D16R-2 和上海复旦微电子的 FM11S08 等。目前，国产的密码芯片均采用了国内外主流算法，有些芯片还集成了真随机数生成器和丰富的接口，但是，此类芯片在物联网终端设备的安全性方面仍然面临着一定的挑战，对于芯片的防伪、防克隆问题，以及入侵攻击导致的密钥泄漏与盗取的风险仍然无法完全处理。

6.2　国密算法芯片架构设计

本章设计的芯片需要集成高效率的对称加密算法、高安全性的非对称加密算法，以及用于产生消息摘要的哈希算法。此外，为了实现密钥的产生、安全存储、安全验证，还需要配置真随机数生成器（TRNG）、物理非克隆功能（PUF）模块，同时集成低功耗 32 位处理器，使芯片具有灵活的可编程性。如果所有的加密处理都依赖硬件完成，则会导致面积和功耗的增加。因此，在加密算法中，运算量较大的部分由硬件加速引擎来实现；而适用于 CPU 的，如逻辑控制部分则由软件来实现。

针对如上分析并结合实际需求，本节设计的国密算法芯片架构如图 6.2 所示。芯片的启动代码存储在芯片内部集成的 ROM 中，BootLoader 的地址位默认对应 CPU 读入的第 0 位地址。芯片还集成了大容量的 RAM，用于加载大量的运行代码。目前，市面上大多数芯片存储运行代码都采用集成 Flash 的形式，但由于 Flash 的价格昂贵，而且本章设计的芯片目前只用于研究和测试，并未大规模投产商用，因此存储运行代码采用外置 SPI Flash 的形式，可以通过集成开发环境将自己的应用程序下载到 SPI Flash 中。

芯片上电后，CPU 自动读取 BootLoader 对应的地址位并运行 BootLoader。在 BootLoader 的控制下，CPU 将代码从 SPI Flash 加载到 RAM。芯片中的国密加密模块会进行签名验签、加/解密、生成杂凑值等一系列大规模运算，CPU 与大量数据进行交互，因此，为了实现与 CPU 的通信，需要把国密加密模块连接到 AHB 总线。PUF 模块可以有效解决芯片防伪、防克隆问题，是芯片的关键部分。PUF 模块实现与 CPU 的通信也是连接到 AHB 总线，AHB 总线为 PUF 模块的高性能运行提供了有效保障。另外，芯片还集成了 32 位的定时器和丰富的外围接口，为了实现定时器和外围接口与 CPU 的通信，这些定时器和外围接口接在 APB 总线上，而 APB 总线则通过 APB 桥和 AHB 总线相连。丰富的外围接口使芯片具有复用性和灵活性，拓宽了芯片的应用领域和范畴。

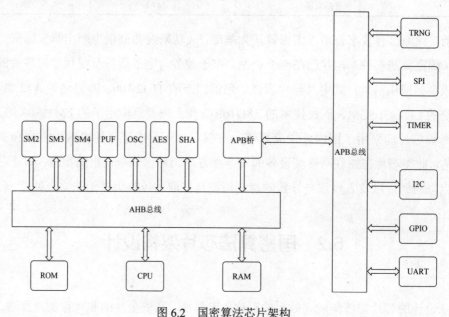

图 6.2　国密算法芯片架构

6.3　总线系统与 SoC 集成

6.3.1　AMBA 总线

集成电路的工艺日新月异，如台积电全面量产的 3nm 工艺和三星全面研发的第二代 3nm

工艺等，得益于此，芯片上的集成规模也呈现令人瞩目的迅猛的发展速度，依赖总线协议 SoC 实现了 IP 核间的高速数据传输，为此，业界涌现出了很多片上总线的解决方案。目前，业界较有影响力的 3 种总线标准为 ARM 公司的 AMBA（Advanced Microcontroller Bus Architecture）、IBM 公司的 CoreConnect 和 SilicoreCorp 公司的 Wishbone。

目前常使用的 AMBA 2.0 协议包含了 3 种不同功能的总线结构：AHB（Advanced High-performance Bus）、APB 和 ASB。其中，AHB 和 APB 是应用最广泛的。AHB 适用于高性能、高数据吞吐量的系统模块。AHB 连接着片内存储单元、加密单元、处理器等芯片的主要模块。AHB 由 3 部分组成，包括主模块、从模块和基础结构。其中，由主模块发出所有 AHB 上的传输，由从模块回应；基础结构由根据仲裁算法处理主设备发出的总线请求的仲裁器、将多个输入信号合成单个输出信号的多路复用器（主模块到从模块和从模块到主模块）、将输入二进制代码的状态翻译成输出信号的译码器、虚拟从模块及虚拟主模块组成。在 AHB 上，同一时间只允许一个主模块和一个从模块通信，但设计者可以挂载多个主模块和从模块。仲裁器控制总线与主模块进行通信，通常系统会在同步时钟下实现通信。译码器对来自主模块的地址进行译码，并传输到对应的从模块。

AHB-Lite 是 AHB 的简化版，一个由 AHB-Lite 组成的 SoC 一般包含主模块、从模块和基础结构。相比于 AHB 支持多个主模块，AHB-Lite 仅支持一个主模块。主模块发送地址和控制信息来标记读/写操作，从模块根据系统中由主模块发出的传输信号做出响应，而基础结构则由多路选择器和译码器组成。从模块到主模块的多路选择器是 AHB-Lite 的必要部件，它的控制信号由译码器提供。同时，译码器产生一个选择信号 HSELx，用于标识哪个从模块进行信号的传输。由于本设计的芯片除 CPU 外没有其他主模块，因此适合采用 AHB-Lite 协议。AHB-Lite 系统结构如图 6.3 所示。

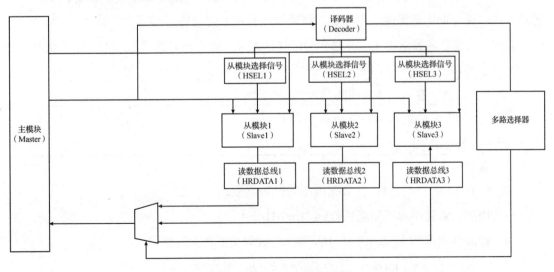

图 6.3　AHB-Lite 系统结构

6.3.2 国密加密模块的加密原理

国密算法芯片的加密模块主要有 SM2、SM3、SM4，还有基于国际标准加密算法 AES、哈希的加密模块。本节着重介绍国密加密模块的加密原理。

1. SM2

SM2 实现的运算包括模减、模加、模乘、模逆，以及点运算中的倍点、点加和点乘。根据 SM2 的标准协议，SM2 架构可分为 3 层，分别为密码协议层、椭圆曲线运算层、有限域运算层，如图 6.4 所示。

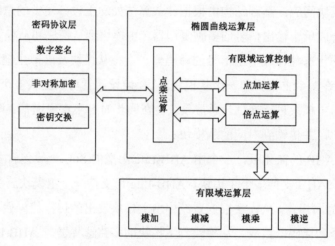

图 6.4 SM2 架构

（1）密码协议层。

密码协议层由 3 个模块构成：数字签名算法模块、非对称加密算法模块和密钥交换协议模块。它们都会调用椭圆曲线运算层、有限域运算层上的运算。

其中，数字签名算法由生成算法和验证算法组成。设待签名的消息为 M，为了获取消息 M 的数字签名 (p,q)，数字签名生成算法的具体实现如算法 6.1 所示。

算法 6.1　数字签名生成算法的具体实现

输入：待签名的消息 M，签名者 A 的私钥 d_A

输出：数字签名 (p,q)

---

1. 置 $\bar{M} = Z_A \,\|\, M$；
2. 计算 $e = H_v\left(\bar{M}\right)$，将 e 的数据类型转换为整型；
3. 用随机数发生器产生随机数 $k \in [1, n-1]$；
4. 计算椭圆曲线点 $(x_1, y_1) = [k]G$，将 x_1 的数据类型转换为整型；
5. 计算 $p = (e + x_1) \bmod n$，若 $p = 0$ 或 $p + k = n$，则返回步骤3；

---

6. 计算 $q = \left(\left(1 + d_\mathrm{A}\right)^{-1} \left(k - p d_\mathrm{A}\right) \right) \bmod n$，若 $q = 0$，则返回步骤3；

7. 将 p 和 q 的数据类型转换为字节串，得到消息 M 的数字签名 (p, q)。

为了检验收到的消息 M' 及其数字签名 (p', q')，数字签名验证算法的具体实现如算法 6.2 所示。

算法 6.2　数字签名验证算法的具体实现

输入：消息 M' 及其数字签名 (p', q')，验证者 B 的私钥 d_B

输出：是否通过

1. 检验 $p' \in [1, n-1]$ 是否成立，若不成立，则验证不通过；

2. 检验 $q' \in [1, n-1]$ 是否成立，若不成立，则验证不通过；

3. 置 $\bar{M}' = Z_\mathrm{A} \parallel M'$；

4. 计算 $e' = H_v\left(\bar{M}'\right)$，将 e' 的数据类型转换为整型；

5. 将 p' 和 q' 的数据类型转换为整型，计算 $t = (p', q') \bmod n$，若 $t = 0$，则验证不通过；

6. 计算椭圆曲线点 $(x'_1, y'_1) = [s']G + [t]P_\mathrm{A}$；

7. 将 x'_1 的数据类型转换为整型，计算 $R = (e' + x'_1) \bmod n$，检验 $R = p'$ 是否成立，若不成立，则验证不通过。

非对称加密算法规定公钥加密，私钥解密。在该算法中，用户 B 的密钥对包括其私钥 d_B 和公钥 $P_\mathrm{B} = [d_\mathrm{B}]G$。设需要加密的消息为 M，len 为 M 的比特串长度，则非对称加密算法的具体实现如算法 6.3 所示。

算法 6.3　非对称加密算法的具体实现

输入：比特串 M，M 的比特串长度 len，公钥 P_B
输出：密文 $C = C_1 \parallel C_2 \parallel C_3$

1. 用随机数发生器产生随机数 $k \in [1, n-1]$；

2. 计算椭圆曲线点 $C_1 = [k]G = (x_1, y_1)$，将 C_1 的数据类型转换为比特串；

3. 计算椭圆曲线点 $S = [h]P_\mathrm{B}$，若 S 为无穷远点，则报错并退出；

4. 计算椭圆曲线点 $[k]P_\mathrm{B} = (x_2, y_2)$，将 x_2 和 y_2 的数据类型转换为比特串；

5. 计算 $t = \mathrm{KDF}(x_2 \parallel y_2, \mathrm{len})$，若 t 为全 0 比特串，则返回步骤1；

6. 计算 $C_2 = M \oplus t$；

7. 计算 $C_3 = \mathrm{Hash}\left(x_2 \parallel M \parallel y_2\right)$；

8. 输出密文 $C = C_1 \parallel C_2 \parallel C_3$。

（2）椭圆曲线运算层。

在椭圆曲线运算层中，点乘运算是 SM2 中十分重要的运算，它决定了算法加/解密的效率，影响整个算法的性能。该运算过程主要由多次点加运算和倍点运算组成。下面详细介绍椭圆曲线运算层中的点乘运算的具体实现，如算法 6.4 所示。

算法 6.4 改进的二进制展开点乘运算的具体实现

输入：$k = \left(k_{m-1}, k_{m-2}, \cdots, k_1, k_0\right)$，$P$ 为椭圆曲线上任一点

输出：kP

1. 将 Q 置初始值 0；

2. 对 i 从 0 到 $m-1$ 循环执行：

   2.1 如果 $k_i = 1$，则 $P = 2P$，$Q = P + Q$；

   2.2 如果 $k_i = 0$，则 $P = 2P$；

   2.3 $k = k \gg 1$；

   2.4 如果 $k = 0$，则执行步骤 3；

3. 返回 $kP = Q$。

（3）有限域运算层。

SM2 的运算是层次化的，算法中最基础的部分是在有限域上的模加、模减、模乘和模逆。通过调用有限域上的运算可以实现倍点和点加。下面详细介绍各运算的具体实现。

① 模加运算，如算法 6.5 所示。

算法 6.5 质数域模加算法

输入：$a, b \in [1, p-1]$，模数 p

输出：$c = (a + b) \bmod p$

1. $c = (a + b)$；

2. 如果 $c \geqslant p$，则 $c = c - p$；

3. 返回 c。

② 模减运算，如算法 6.6 所示。

算法 6.6 质数域模减算法

输入：$a, b \in [1, p-1]$，模数 p

输出：$c = (a + b) \bmod p$

1. $c = (a + b)$；

2. 如果 $c \leqslant 0$，则 $c = c - p$；

3. 返回 c。

③ 模乘运算，如算法 6.7 所示。

算法 6.7 双域模乘算法

输入：二进制域或质数域的元素 m 和 n，模数或既约多项式 p，选择信号 mode（0 代表二进制域，1 代表质数域）

输出：$c = mn \bmod p$

1. $c = 0$；

2. 循环执行：

    2.1　当 $m_0 = 1$ 时，如果 mode = 1 则 $c=c+p$，如果 mode = 0 则 $c = c \oplus n$；

    2.2　仅当 mode = 1 时，如果 $c \geqslant p$ 则 $c=c-p$；

    2.3　如果 mode = 1 则 $n \ll 1$，如果 mode = 0 则 $n = (n \ll 1) \oplus p$；

    2.4　如果 $n \geqslant p$ 则 $n=n-p$；

    2.5　仅当 mode = 1 时，$m = m \gg 1$；

    2.6　如果 $m = 0$，则跳转到步骤 3；

3. 返回 c。

当在质数域进行操作时，元素也是二进制的，因此可以将质数域与二进制域相结合，且二进制域还可以将质数域的控制逻辑复用，唯一不同的是，质数域要做更多的取模运算。此算法对每次移位后的 c、b 取模，保证不增加寄存器位数且每次运算后 c、b 的数值均小于 p。由于增加了 a 值的判定，因此本算法不再是固定循环，而是按照输入数据的比特数目自动循环。

④　模逆运算。

制约 SM2 性能的瓶颈是模逆运算。欧拉算法、二进制扩展欧几里得算法，以及蒙哥马利算法等都是用来计算模逆的算法。其中，二进制扩展欧几里得算法使用简单的移位操作和减法运算替代欧拉算法中复杂的除法运算，更适合用硬件实现，因此本书中 SM2 的模逆运算采用二进制扩展欧几里得算法实现，如算法 6.8 所示。

算法 6.8　二进制扩展欧几里得模逆算法

输入：求逆元素 a 和既约多项式 p

输出：$(a-1) \bmod p$

1. $u = a$，$v = p$；

2. $xu = a$，$v = p$；

3. $x = 1$，$y = 0$；

4. 当 $u,v \neq 1$ 时，循环执行：

    4.1　当 u 是偶数时，循环执行：

$$u = u / 2$$

如果 x 是偶数，则 $x = x / 2$

否则，$x = (x \oplus p) \gg 1$

    4.2　当 v 是偶数时，循环执行：

$$v = v / 2$$

如果 y 是偶数，则 $y = y / 2$

$$否则，\quad y = (y \oplus p) \gg 1$$

4.3 如果 $u \geqslant v$，则 $u = u \oplus v$，$x = x \oplus y$，否则，$v = u \oplus v$，$y = x \oplus y$；

5. 如果 $u = 1$，则返回 $x \bmod p$；否则返回 $y \bmod p$。

2. SM3

SM3 对于长度为 $L(L < 2^{64})$ 的消息 m，为了生成新消息 m'，首先，将 m 的长度填充到 512 位的任意整数倍；其次，将生成的新消息 m' 分成每组长度为 512 位；最后，对每组消息进行扩展和压缩，输出长度为 256 位的杂凑值。具体加密流程如下。

（1）填充。

对于一个长度为 N 的消息 m，首先在消息的末尾添加 "1" 后添加 p 个 "0"，其中，p 是满足 $N+1+p \equiv 448 \bmod 512$ 的最小非负整数；然后添加一个长度用 N 表示的 64 位二进制比特串，使 m' 填充后的消息长度为 512 位的整数倍；最后对消息 m' 按 512 位进行分组，即 $m' = B^{(0)}B^{(1)}\cdots B^{(n-1)}$，其中，$n=(N+p+65)/512$。

（2）消息扩展。

将分组后的每个 $B^{(i)}$ 划分为 16 个 32 位的串 $W_0, W_1, \cdots, W_{15}$，并扩展生成 132 个字 $W_0, W_1, \cdots, W_{67}, W_0', W_1', \cdots, W_{63}'$，供压缩函数 CF 使用。具体的扩展方式如下：

> For j=16 to 67
> $$W_j = P_1\left(W_{j-16} \oplus W_{j-9} \oplus \left(W_{j-3} \lll 15\right)\right) \oplus \left(W_{j-1} \lll 7\right) \oplus W_{j-6} ;$$
> Endfor
> For j=0 to 63
> $$W_j' = W_j \oplus W_{j+4} ;$$
> Endfor

（3）压缩函数 CF。

假设 A~H 是 8 个 32 位的寄存器，SS1、SS2、TT1、TTZ 为中间变量，压缩函数为 $V^{(i+1)} = \text{CF}\left(V^{(i)}, B^{(i)}\right)$（$0 \leqslant i \leqslant n-1$），压缩过程如下：

> $ABCDEFGH \leftarrow V^{(i)}$;
> FOR j=0 to 63
> $$SS1 \leftarrow \left(\left(A \lll 12\right) + E + \left(T_j \lll j\right)\right) \lll 7 ;$$
> $$SS2 \leftarrow SS1 + \left(A \lll 12\right) ;$$
> $$TT1 \leftarrow FF_j\left(A,B,C\right) + D + SS2 + W_j' ;$$
> $$TT2 \leftarrow GG_j\left(A,B,C\right) + H + SS1 + W_j ;$$
> $D \leftarrow C$;
> $C \leftarrow B \lll 9$;
> $B \leftarrow A$;
> $A \leftarrow TT1$;
> $H \leftarrow G$;

$$G \leftarrow F \lll 19 \;;$$
$$F \leftarrow E \;;$$
$$E \leftarrow P_0(\text{TT2}) \;;$$

Endfor
$$V^{(i+1)} \leftarrow ABCDEFGH \oplus V^{(i)} \;;$$

（4）迭代压缩。

SM3 算法流程如图 6.5 所示。对已分组的 $B^{(i)}$ 按如下方式进行迭代：

For i=0 to $n-1$
$$V^{(i+1)} = \text{CF}\left(V^{(i)}, B^{(i)}\right) \;;$$
Endfor

其中，CF 为压缩函数，$B^{(i)}$ 为填充后的消息分组，$V^{(i)}$ 为每次迭代压缩的结果，$V^{(0)}$ 为 256 位的初始值 IV，$V^{(n)}$ 为最终输出。

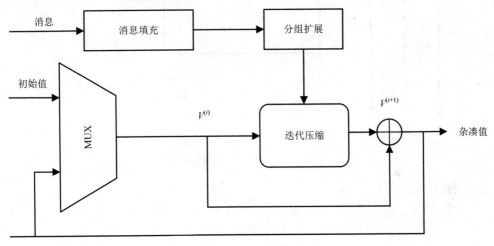

图 6.5　SM3 算法流程

3．SM4

SM4 由数据加/解密算法和密钥扩展算法组成，均为 32 轮非线性迭代结构。加密密钥表示为 $\text{MK} = \left(\text{MK}_0, \text{MK}_1, \text{MK}_2, \text{MK}_3\right)$，其中，$\text{MK}_i (i = 0,1,2,3)$ 为 32 位。轮密钥由密钥扩展算法生成，表示为 $\left(\text{rk}_0, \text{rk}_1, \cdots, \text{rk}_{31}\right)$，其中，$\text{rk}_i$（$i = 0,1,2,\cdots,31$）为 32 位。而 $\text{FK} = \left(\text{FK}_1, \text{FK}_2, \text{FK}_3, \text{FK}_4\right)$ 为系统参数，$\text{CK} = \left(\text{CK}_0, \text{CK}_1, \cdots, \text{CK}_{31}\right)$ 为固定参数，其中，CK_i 和 FK_i 均为 32 位，它们主要在密钥扩展算法中使用。

（1）轮函数 F。

因为 SM4 加密操作采用非线性迭代结构实现，一次迭代运算为一次轮变换，所以轮函数 F 就是数据加密的核心。轮函数 F 主要包括轮输入和合成置换 T。轮函数 F 的变换过程如图 6.6 所示。

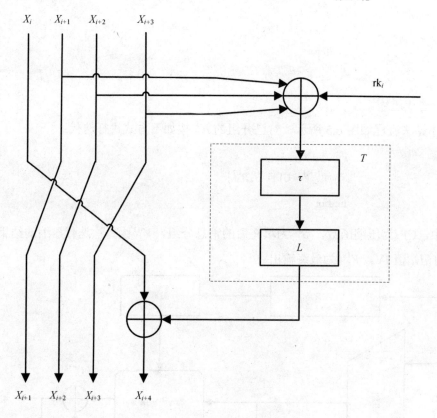

图 6.6　轮函数 F 的变换过程

具体实现如下：

$$F\left(X_i, X_{i+1}, X_{i+2}, X_{i+3}, \mathrm{rk}_i\right) = X_i \oplus T\left(X_i \oplus X_{i+1} \oplus X_{i+2} \oplus X_{i+3} \oplus \mathrm{rk}_i\right)$$
$$i = 0, 1, \cdots, 31$$

其中，合成置换 T 为可逆变换，它由线性变换 L 和非线性变换 τ 复合而成，即 $T(X) = L\left(\tau(X)\right)$。

非线性变换 τ：由 4 个非线性模块 S-box 并行构成。设输入为 $A=(a_0,a_1,a_2,a_3)$，输出为 $B=(b_0,b_1,b_2,b_3)$，则有

$$B=(b_0,b_1,b_2,b_3) = \tau(A) = \left(\text{S-box}(a_0), \text{S-box}(a_1), \text{S-box}(a_2), \text{S-box}(a_3)\right)$$

线性变换 L：非线性变换 τ 的输出 B 即 L 的输入，设输出为 C，则有
$$C = L(B) = B \oplus (B \lll 2) \oplus (B \lll 10) \oplus (B \lll 18) \oplus (B \lll 24)$$

（2）数据加密算法。

SM4 的加密算法对输入的明文进行 32 轮轮函数迭代运算和 1 轮反序变换 R，输出得到密文。设输入的明文为 $\left(X_0, X_1, X_2, X_3\right)$，输出的密文为 $\left(Y_0, Y_1, Y_2, Y_3\right)$，轮密钥为 $\mathrm{rk}_i (i = 0, 1, 2, \cdots, 31)$，则 SM4 的加密流程如图 6.7 所示。

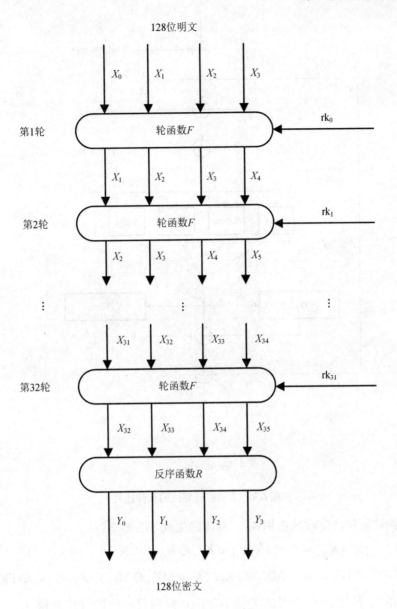

128 位明文

第1轮　轮函数 F　rk$_0$

第2轮　轮函数 F　rk$_1$

第32轮　轮函数 F　rk$_{31}$

反序函数 R

128 位密文

图 6.7　SM4 的加密流程

具体的运算流程如下。

首先，进行 32 轮轮函数迭代运算：

$$X_{i+4} = F\left(X_i, X_{i+1}, X_{i+2}, X_{i+3}, \mathrm{rk}_i\right) = X_i \oplus T\left(X_i \oplus X_{i+1} \oplus X_{i+2} \oplus X_{i+3} \oplus \mathrm{rk}_i\right)$$

$$i = 0, 1, \cdots, 31$$

然后，对第 32 轮轮函数的运算结果进行反序变换，从而输出密文：

$$\left(Y_0, Y_1, Y_2, Y_3\right) = R\left(X_{32}, X_{33}, X_{34}, X_{35}\right) = \left(X_{35}, X_{34}, X_{33}, X_{32}\right)$$

（3）密钥扩展算法。

密钥扩展算法的具体流程如图 6.8 所示。

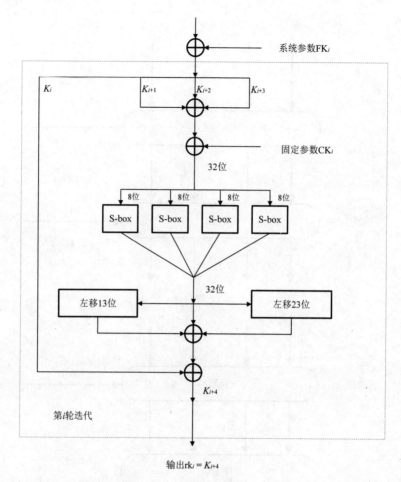

图 6.8　密钥扩展算法的具体流程

根据密钥扩展算法生成轮密钥 rk_i。具体的生成方法如下：

$$\text{rk}_i = K_{i+4} = K_i \oplus T'\left(K_{i+1} \oplus K_{i+2} \oplus K_{i+3} \oplus \text{CK}_i\right), \quad i = 0,1,\cdots,31$$

其中，$K_0 = \text{MK}_0 \oplus \text{FK}_0$；$K_1 = \text{MK}_1 \oplus \text{FK}_1$；$K_2 = \text{MK}_2 \oplus \text{FK}_2$；$K_3 = \text{MK}_3 \oplus \text{FK}_3$；$T'$ 变换与加密算法轮函数 F 中的合成置换 T 基本相同，只需将其中的线性变换 L 修改为 L'，即 $L'(B) = B \oplus (B \lll 13) \oplus (B \lll 23)$。

6.3.3　加密模块加速引擎设计

为了有效利用有限的硬件资源，提升加密模块的运算速度，进而显著提高密码芯片的效率，本节主要介绍 SM2、SM3、SM4 加速引擎。

1. SM2 加速引擎

本章设计的密码芯片中的 SM2 加速引擎主要实现 SM2 密码算法中运算量比较大且嵌入式软件难以实现的大数运算，具体包括点运算中的点加、倍点和点乘，以及模运算中的模加、模减、模乘、模逆。模块的输入为 256 位的坐标 (x_1,y_1)、(x_2,y_2)、k，以及 32 位的控制信号；输出为 32 位的状态信号和 256 位的运算结果 (x_3,y_3)。整个 SM2 共占用 50×10^3 个逻辑门。密码芯片的 SM2 加速引擎内部的模加、模减、模乘和模逆 4 种基本运算仅采用两个 256 位的加法器来实现，减小了芯片面积并降低了功耗。其中，模乘运算采用的是交错算法，一次 256 位的模乘运算需要 255 个时钟周期；模加和模减运算需要 1 个时钟周期；模逆运算采用二进制扩展欧几里得算法，所需时钟周期数与输入数据有关，完成一次模逆运算平均需要约 500 个时钟周期。

2. SM3 加速引擎

本章设计的密码芯片的 SM3 加速引擎主要实现在 SM3 加密算法中运算量比较大的消息扩展和消息压缩，而消息分组与消息填充则由软件实现。硬件模块输入分别是读控制信号 R、写控制信号 W，以及 512 位的输入数据 Din；输出是完成信号 FINISH、状态信号 STATE，以及 256 位的杂凑值 Dout。

模块包含空闲状态（IDLE）、读状态（READ）、写状态（WRITE）和加密状态（ENCRYPTION）。图 6.9 所示为模块的状态转移图，在空闲状态下，将输入信号 W 置 1 后，模块进入写状态，即读入 Din 中的数据；读取数据完成后，模块进入加密状态。FINISH 信号为 1 时，加密迭代完成，此时，若 R 为 0，则保留运算结果并进入空闲状态，等待数据读取或下一组数据输入；若 R 为 1，则进入读状态，输出数据并初始化。

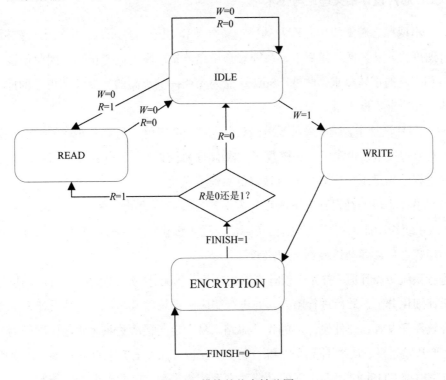

图 6.9　模块的状态转移图

3. SM4 加速引擎

SM4 加密算法在实际中主要用于大量数据的加/解密，且对实时性要求较高。因此集成在密码芯片上的 SM4 加速引擎使用了并行化的设计，35 个时钟周期硬件电路就能完成一次加/解密运算。SM4 加速引擎的输入信号为 256 位的输入数据和 32 位的控制信号，输出信号为 256 位的输出结果和 32 位的状态信号。其中，密钥、待加密数据或待解密数据都可以是 256 位的输入数据，具体由控制信号指定。模块内部包含轮密钥生成电路和加/解密电路两部分，其中，密钥扩展算法的硬件实现实质上是轮密钥生成电路；加/解密模块主要依托轮密钥对输入数据进行逻辑处理，从而生成相应的输出数据。

6.3.4 加密模块 SoC 集成

SoC 芯片技术是当前微电子技术发展的必然趋势，随着技术日趋成熟，其已渗入信息社会的各行各业。在信息安全保护方面，专用密码芯片的发展已从传统的分离式元件设计演变为面向整体系统的集成芯片设计。在此基础上，本节对当前 SoC 芯片设计中的一些基本原理和关键技术进行分析，并对系统芯片的结构进行分析和设计；在安全性、密码功能和系统资源相结合的情况下，提出了一类密码 SoC 结构设计；详细介绍加密模块 SM2、SM3、SM4 的 SoC 集成。

1. SoC 芯片设计相关理论与技术

SoC 的出现标志着集成电路产业的新一轮分工和 IP 产业的形成。相比于传统板载电路，SoC 具有速度快、功耗低、体积小、系统安全稳定及集成度更高等优势，因此创造了巨大的产品价值和广泛的市场需求。此外，SoC 还能为企业提供更高的灵活性和更低的成本，从而推动集成电路产业不断发展。

在 SoC 芯片设计中，通常采用系统级设计，将一个应用作为一个并行的通信任务系统来设计，涉及多种技术，如建模、IP 核复用、软/硬件协同设计、系统级综合及描述语言等。该方法可以更好地满足用户需求，并有效降低系统复杂度。

系统级设计采用的是自顶向下的设计方法，SoC 芯片设计流程如图 6.10 所示。在设计过程中，从系统级功能描述开始，根据实际情况逐步细化，在完成软/硬件功能划分和系统结构设计等步骤之后，逐渐过渡到网表级设计。

在进行系统级设计时，首先由设计者给出所设计 SoC 要实现的功能，再由功能需求逐步向底层设计细化分工，最后进行整合，并进行相应的系统测试。采用这种设计方法的优点在于其符合软件开发者、硬件设计师的设计思路，易于定义层次关系，明确层次行为、结构和语义；易于开发建模、软/硬件划分及综合仿真。在设计系统芯片 ETISOC 时，若采用这种方法，则首先根据 ETISOC 所要实现的功能建立系统级模型，再逐步进行功能细化。到事务级设计时，进行软/硬件模块划分，设计各模块之间的通信接口与协议，针对各模块单独进行设计测试，在各模块设计完成后对系统进行整合，并实现系统级功能测试。

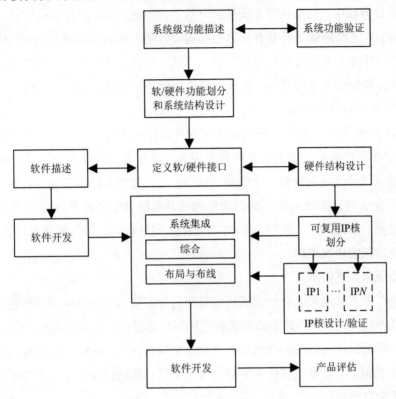

图 6.10　SoC 芯片设计流程

目前，SoC 芯片设计涉及的关键技术如下。

（1）IP 核复用技术。

IP 核是指经过验证的芯片设计，在设计过程中，主要关注整个系统，而不必考虑各个模块的正确性和性能。IP 核复用涉及的问题很多，如 IP 核标准化、测试策略、设计和程序、设计方法，以及设计的存储和检索等。IP 核复用是在 SoC 芯片设计中是一个不可或缺的环节，需要考虑功能和融入芯片。设计可复用的 IP 核模块，使其能够适应不同的工艺，并转换为可重复使用的形式具有重要意义。

对于设计周期的缩短、SoC 芯片设计效率的提高，IP 核复用起着至关重要的作用。通过 SoC 芯片设计逐渐让芯片以软件为中心，从而使 IP 核复用及其接口设计代替以往的门级设计。IP 核具有硬核、软核和固核 3 种形式，硬核需要经过预先布局且不能由系统设计者修改，软核会以 HDL 提交，固核由 RTL 描述和网表组成。IP 核应具有良好的开发文档和参考手册。

（2）软/硬件协同设计技术。

SoC 芯片设计分为行为层次和结构层次两种。行为层次指明了一个系统要实现的目标，结构层次是指如何实现目标。结构层次包含软件和硬件两部分。整个系统由行为层次和结构层次之间的映射关系组成。在映射完成后，系统仍然需要通过软件和硬件实现，缺一不可。而这正是软/硬协同设计面临的难题。

在传统设计方法中，由于软件和硬件分开设计，因此，在完成体系结构设计后才能进行应用软件设计，这无疑降低了开发者和体系结构设计师之间的串行开发效率。软件之于已设计硬件犹如鱼之于水，其运行效能受硬件制约，从而可能无法发挥其全部性能。其中，系统任务描述、软件和硬件之间的划分、软件和硬件之间的协同验证、低功耗设计和可测试性设计等都是软/硬件协同设计的重要内容。

在 SoC 芯片设计中，软/硬件协同设计对硬件设计风险的降低、开发调试时间的缩短，以及软/硬件中存在的致命问题能够及时被发现等至关重要，因此它一直是工程师面临的挑战。软/硬件协同设计理论是针对给定的系统描述，在有效地分析系统任务和所需资源后，采用一系列变换方法并遵循特定的准则自动生成符合系统功能要求且符合系统约束的硬件和软件架构。目前，系统描述、软/硬件协同综合及软/硬件协同模拟与验证已经成为软/硬件协同设计中最为活跃的研究工作。

（3）深亚微米工艺技术。

通常，SoC 由于其庞大的设计规模而需要使用深亚微米工艺技术。在传统设计方法中，由于存在迭代不收敛问题，因此会提高进行前端与后端设计时失败的概率，而深亚微米工艺技术将前端的逻辑设计与后端的物理设计联合起来同时进行，可解决此问题。深亚微米设计不是 SoC 特有的问题，而是工艺技术发展到今天必然出现的、具有普遍性的问题，只是其在 SoC 设计中尤为突出而已。

处理器、存储器和接口逻辑是一般系统级芯片都包含的三大基本要素。将这 3 种电路整合起来，就等于将大部分系统需要的功能集中在一块芯片上。

随着 FPGA 技术的不断进步，其系统集成密度的显著提升使得在 FPGA 上实现超百万门的系统级芯片成为可能。因此，利用高密度大型 FPGA 进行 SoC 芯片集成的 ASIC 原型设计已成为一种流行且实用的策略。目前，很多集成电路供应商在可编程系统级芯片的实现方面已经迈出了令人振奋的步伐。这些新型器件提供了包括处理器、存储器和可编程逻辑在内的系统集成功能，极大地丰富了 SoC 的设计与开发，同时避免了与 ASIC 相关的高昂的非经常性费用及冗长的制造周期。因此，从 FPGA 开发入手，并根据市场需求的数量决定是否向 ASIC 转移成为一种合理的选择。

目前，ALTERA 推出的 Hardcopy 器件有效地实现了 FPGA 设计向 ASIC 设计的无缝迁移。结构化 ASIC 器件 HardCopy II 具备独特的 FPGA 前端设计理念，其构建基于精细粒度晶体管阵列 Hcell。该 Hcell 不仅支持从 FPGA 的顺畅转移，还展现出 ASIC 技术在性能、密度、成本和功耗方面的诸多优势，从而为产品上市提供了最快捷且风险最小的解决方案。本章对密码芯片的整体设计采用 HDL 模块进行描述，设计在 ALTERA 的 FPGA 上实现，因此迁移至 ASIC 的过程相对简单：只需先使用 ASIC 综合工具（如 Synopsys 或 Ambit 等）进行综合，再借助相关外围模型开展带布线延迟的门级结构仿真验证，只要确认无误，即可投片生产，从而迅速将 SoC 芯片设计推向市场应用。

本书介绍的密码芯片同样采用了这一设计理念，针对不同的应用需求配置各模块。首先在 FPGA 上完成 ASIC 的原型设计验证，再依据用户的需求和具体的应用场景将其移植至 ASIC 设计中。

2. SM2 的 SoC 集成

SM2 共需要 56 个 32 位的数据寄存器，其中，输入数据的每个操作数均为 256 位，有 (x_1, y_1)、(x_2, y_2)、k；输出结果为 (x_3, y_3)。前面提到，SM2 的工作模式包括模加、模减、模乘、模逆，以及点乘、点加、倍点，为其分配一个 32 位的状态寄存器和一个 32 位的控制寄存器即可。

表 6.5 所示为 SM2 控制寄存器的功能描述。其中，SM2 的工作模式控制、运算启/停控制，以及软件复位操作均由控制寄存器实现。表 6.6 所示为 SM2 状态寄存器的功能说明。状态寄存器用于记录 SM2 加速引擎当前的工作状态，以便 CPU 能够实时掌握模块的当前状态。

表 6.5　SM2 控制寄存器的功能描述

位	名称	类型	描述	其他说明
bit[3:0]	工作模式控制	R/W	0000：模 N 逆 0001：模 N 乘 0010：模 N 加 0011：模 N 减 0101：点加 0110：倍点 0111：点乘 1001：模 P 乘 1010：模 P 加 1011：模 P 减 1000：模 P 逆 1111：IDLE	无
bit4	运算启/停控制		0：启动运算 1：停止运算	运算完成后自动置 1
bit5	复位		1：复位	在写入数据前，必须将该位清零，否则模块一直处于复位状态
bit[31:6]	保留		无	无

表 6.6　SM2 状态寄存器的功能说明

位	名称	类型	描述
bit[1:0]	状态标志	R	00：空闲 01：正在运算 10：运算完成 11：运算错误
bit[31:2]	保留		无

3. SM3 的 SoC 集成

根据 SM3 加速引擎的实际需要，设计并定义 8 个 32 位数据输出寄存器和 16 个 32 位数据输入寄存器，以及 1 个 32 位状态寄存器和 1 个 32 位控制寄存器。下面主要介绍控制寄存器和状态寄存器。

控制寄存器主要实现数据运算启/停控制、读/写控制及复位操作。

表 6.7 所示为 SM3 控制寄存器的功能描述。模块写入数据前，先将 bit3、bit4 置 1，bit5 置 0；然后向数据输入寄存器写入数据。数据写入后，将 bit4 置 0，开始运算。若需要读取结果，则将 bit3 置 0、bit4 置 1，若需要继续运算（数据超出 512 位），则将 bit3、bit4 置 1，向数据输入寄存器写入数据，直至运算全部完成。

表 6.7　SM3 控制寄存器的功能描述

位	名称	类型	描述
bit[2:0]	保留		无
bit3	数据读取		0：数据读取 1：数据写入
bit4	启动控制	R/W	0：运算启动 1：运算停止
bit5	复位		1：复位
bit[31:6]	保留		无

状态寄存器中主要有异常标志及加速引擎的 4 种工作状态，表 6.8 所示为 SM3 状态寄存器的功能描述。

表 6.8　SM3 状态寄存器的功能描述

位	名称	类型	描述
bit[1:0]	状态标志		00：空闲 01：数据写入 10：正在加密 11：运算完成
bit2	异常标志	R	1：运算错误
bit[31:3]	保留		无

4. SM4 的 SoC 集成

SM4 接口部分包括 128 位的数据输入和数据输出，以及标志控制信号和加密状态。需要设置 1 个 32 位控制寄存器、1 个 32 位状态寄存器、4 个 32 位数据输入寄存器和 4 个 32 位数据输出寄存器。

当使用 SM4 进行数据的加/解密时，首先将控制寄存器的软件复位控制位 bit3 置 1，然后将数据更新寄存器的 bit3 置 1，接着输入待加/解密数据或密钥，最后根据输入数据标志 bit[1:0] 判断当前数据输入寄存器中的值是密钥还是待解密数据或待加密数据。另外，对于加密过程，轮密钥的使用是按照由低到高的顺序进行的，因此密钥输入后可直接输入待加密数据。解密过程必须等到轮密钥生成后，才能输入待解密数据。SM4 控制寄存器的功能描述如表 6.9 所示。

表 6.9　SM4 控制寄存器的功能描述

位	名称	类型	描述
bit[1:0]	数据标志	R/W	00：输入数据无效 01：当前要输入的数据是密钥 10：当前要输入的数据是待加密数据 11：当前要输入的数据是待解密数据
bit2	数据更新		0：数据不更新 1：数据更新
bit3	复位		0：软件复位
bit[31:4]	保留		无

SM4 状态寄存器用于标志当前模块处于加密模式或解密模式、数据加/解密是否完成，以及轮密钥是否生成。SM4 状态寄存器的功能描述如表 6.10 所示。

表 6.10　SM4 状态寄存器的功能描述

位	名称	类型	描述
bit0	完成标志	R/W	0：数据加/解密未完成 1：SM4 已完成加/解密
bit1	状态标志		0：模块处于加密模式 1：模块处于解密模式
bit2	轮密钥		0：轮密钥未生成（SM4 只能进行解密操作） 1：轮密钥已经生成（SM4 可进行加密操作）
bit[31:3]	保留		无

6.4　PUF 模块的设计与集成

6.4.1　PUF 介绍

PUF 即物理非克隆功能，是由 Pappu 等人提出的一种用于标识半导体设备唯一身份的"数字指纹"，广泛应用于密码学中。

近年来，基于数字电路的 PUF 及其各种改进型电路层出不穷，比较常见的 PUF 电路有基于互联网电容的 PUF、Ring Oscillator PUF，以及基于 SRAM 的 PUF 等。在同样的生产条件下，因为 PUF 本身不存储数据，它利用自身产生的随机误差对特定激励输出特定的响应，并利用这些随机误差实现其唯一性和不可克隆性。所以，基于 PUF 能够有效对抗侵入式攻击的特性，芯片的 PUF 主要用于身份认证和密钥生成。

6.4.2　PUF 模块设计

为了提高 PUF 的抗攻击性能并灵活控制响应输出时间，本书在传统仲裁器 PUF 的基础上设计了一种可配置型仲裁器 PUF 电路，其内部结构如图 6.11 所示。电路的核心部分包含 n 个仲裁器和 n 个 MUX Group。每个 MUX Group 包含 j 组延时节点，$n-1$ 个由两个上、下对称摆放的二选一选择器组成的选择节点（其中，$n \geqslant 1$，当 $n=1$ 时，该电路为传统仲裁器 PUF 电路）。如图 6.12 所示，延时节点中的上、下两个二选一选择器对称摆放，走线也严格对称。

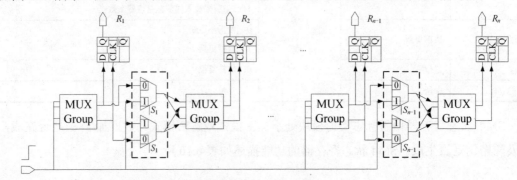

图 6.11　PUF 内部结构

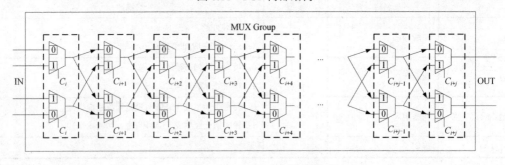

图 6.12　MUX Group 的结构

通过选择信号 $S_i(i \in [1, n-1])$ 可改变前级 MUX Group 和时钟信号的输出信号走向，实现 PUF 结构的输出变化和重构。由图 6.11 可知，门控时钟接第 1 个 MUX Group 的输入信号。第 $1 \sim n-1$ 个 MUX Group 的两路输出信号接仲裁器并作为选择节点的两路输入，选择节点另外两个输入端接门控时钟，MUX Group 的输出分别交叉和平行输入下一级的 MUX Group。因此，MUX Group 的选择信号 $S_i(i \in [1, n-1])$ 可以决定下一级 MUX Group 的输入信号是来自系统时钟还是上一级的输出。若 $S_i = 0$，则该跳变信号输入下一级 MUX Group 继续传输，此时，前级和后级形成级联结构；若 $S_i = 1$，则停止向下传播并输入仲裁器产生 1 位有效信号，该信号表示由前级 MUX Group 在芯片制造过程中的工艺偏差引入的随机信息。同时，系统时钟为下一级 MUX Group 的输入，此时，前级和后级形成并联结构。

于是，各级 MUX Group 的级联和并联与 PUF 结构的配置可通过控制 $S_i(i \in [1, n-1])$ 实现。同时，该电路结构在一个周期内可实现同时输出多位有效数据，一个周期最多输出 n 位有效数据。

硬件实现采用了 8 个 MUX Group（编号为 1～8）；每个 MUX Group 中包含 8 个延时节点，每个延时节点需要 1 位激励信号，可得该 PUF 电路的输入激励为 64 位，同时需要 7 位选择信号以对 PUF 的结构进行配置。PUF 可配置成以下 4 种结构。

结构一：每个周期输出 1 位响应信息，8 个 MUX Group 全部级联。

结构二：每个周期输出 2 位响应信息，1～4 号 MUX Group 级联，4～8 号 MUX Group 级联。

结构三：每个周期输出 4 位响应信息，1-2 号、3-4 号、5-6 号及 7-8 号 MUX Group 两两级联。

结构四：每个周期输出 8 位响应信息，每个 MUX Group 独立工作。

使用 mode 信号选择 PUF 的 4 种结构并控制测试模式的打开和关闭。iTRI 产生上升沿信号时，PUF 开始工作，16～128 个时钟周期后，PUF 运算结束，通过 oData 输出 64 位响应信号，同时 Finish 信号置 1。整个 PUF 电路的顶层接口如表 6.11 所示。

表 6.11　整个 PUF 电路的顶层接口

名称	类型	位宽	描述
iCLK	In	1	全局时钟信号
iRSTn	In	1	全局复位信号
iSelect	In	1	软件复位信号
iTRI	In	1	触发信号
iData	In	64	激励信号
oData	Out	64	响应信号
mode	In	5	模式控制 mode[4:3]为保留位 mode[0]为模式控制位 　　mode[0]=1：测试模式打开 　　mode[0]=0：测试模式关闭 mode[2:1]为结构控制位 　　mode[2:1]=00：配置 PUF 为结构一 　　mode[2:1]=01：配置 PUF 为结构二 　　mode[2:1]=10：配置 PUF 为结构三 　　mode[2:1]=11：配置 PUF 为结构四

6.4.3　PUF 模块集成

鉴于上面的信息，本书在设计过程中为 PUF 模块分配了 32 位数据输入寄存器和数据输出寄存器各 2 个、32 位控制寄存器和状态寄存器各 1 个。控制寄存器主要用于触发信号控制及模式控制，其具体功能如表 6.12 所示。状态寄存器用于标志 64 位的 PUF 响应数据是否生成，响应数据生成后，状态寄存器置 1。

表 6.12　PUF 电路控制寄存器的功能描述

位	名称	类型	描述
bit[31:6]	保留	R	无
bit[5:3]	模式控制	R/W	对应 PUF 顶层接口的 mode[2:0]
bit2	复位	R/W	1：软件复位
bit1	触发信号	R/W	1：触发 PUF 输出响应
bit0	保留	R	无

6.5　国密算法芯片的仿真验证与性能分析

6.5.1　国密算法芯片的仿真验证

根据 6.2 节设计的芯片架构，为了完整地验证整个芯片的功能（如 CPU、内存、加密模块、PUF 模块等的功能），判断电路功能是否满足设计要求，以及发现电路逻辑上的潜在错误，本节制定了软/硬件相结合的仿真方案，具体如下。

（1）设计一个测试程序，并且要求该程序的测试范围能够覆盖整个芯片的所有模块及其所有工作模式。

（2）使用 CDS（嵌入式软件集成开发环境）编译测试程序，将其转换为二进制代码，从而可以直接运行在 CPU 上。

（3）编写 Testbench（模拟实际环境的输入激励和输出校验的虚拟平台）代码，通过 Testbench 将编译器生成的二进制代码读取到 SoC 的只读存储器中，同时产生时钟、复位等激励信号，使 SoC 开始工作。

（4）检测 SoC 内部电路信号波形，验证 SoC 各功能模块和接口设计是否符合要求。对于 PUF 和国密加密模块，通过观察总线波形进行模块是否正常运行的判定。对于 UART、SPI 等接口，搭建两个 SoC，将它们的接口连接起来，一个作为发送端，另一个作为接收端，以同步验证接口的发送和接收功能。

下面以 PUF 电路为例进行说明。图 6.13 所示为 PUF 的 4 种结构的仿真波形图。其中，data_opt 是控制寄存器，data_stu 是状态寄存器，data_in 和 data_out 分别是输入的激励信号与输出的响应信号。首先将 PUF 电路的控制寄存器写入 0xffff_fff8，将 PUF 电路复位，同时配置 PUF 电路为结构四，并开启仿真模式；然后向 data_in 中写入激励数据 0x89ab_cdef_0123_4567；接着将 data_opt 的触发信号置 1，即向 data_opt 中写入 0xffff_fffa；最后通过观察计数器电路中的 count 寄存器可以发现，8 个计数周期后，data_stu 变为 1，同时，data_out 产生了 64 位响应信号 0x8ffb_20e8_7b2c_5067。由此可知，PUF 电路的结构四模式功能正常。

图 6.13 PUF 的 4 种结构的仿真波形图

6.5.2 国密算法芯片的性能分析

本节进一步分析芯片内部国密加密模块和 PUF 模块的性能。

1. 国密加密模块的性能分析

参照 6.2 节设计的芯片架构，APB 下挂载了一个 TIMER 定时器模块。根据设计要求，TIMER 定时器模块由 4 个 32 位递减计数器组成，并且递减计数器之间相互独立，可以通过软件对每个计数器进行初始化操作。当递减计数器递减到 0 时，它会通过从对应的初始值寄存器中读取初始值的方式重置。本节使用定时器对 SM2、SM3 及 SM4 进行测试，实际测试结果与理论性能的对比如表 6.13 所示。

表 6.13 实际测试结果与理论性能的对比

模块	理论性能	实际测试结果
SM2	加密：30.6～55.6kbit/s	加密：36.6 kbit/s
	解密：59.6～110.6kbit/s	解密：66.3 kbit/s
	签名：60～107 次/秒	签名：72 次/秒
	验签：34～51 次/秒	验签：37 次/秒
	密钥生成：61～108 次/秒	密钥生成：81 次/秒
SM3	生成杂凑值：240.6Mbit/s	生成杂凑值：6.1～16.4Mbit/s
SM4	加/解密：114.3Mbit/s	加/解密：12.26Mbit/s

2. PUF 模块的性能分析

衡量 PUF 模块的性能有 3 个标准，分别是唯一性、随机性和稳定性。下面分别对这 3 个标准进行介绍。

（1）唯一性。

在相同条件下给两个 PUF 电路输入相同的激励信号，若输出的响应不相同，则表明该 PUF 电路结构具有唯一性；若输出的响应极为相似甚至相同，则表明该 PUF 电路结构不具有唯一性。通常采用片间汉明距离作为评判准则，即在两个不同的 PUF 电路对同一个激励信号所产生的响应中，不相同的响应比特数占总响应比特数的百分比。在理想情况下，不同芯片的片间汉明距离大约为 50%。PUF 电路的唯一性可通过式（6.1）和式（6.2）来计算：

$$D\left(P_i, P_j\right) = \sum_{m=1}^{n}\left(r_{i,m} \oplus r_{j,m}\right) \tag{6.1}$$

$$\mu = \frac{2}{k(k-1)} \sum_{i=1}^{k-1} \sum_{j=i+1}^{k} \frac{D(P_i, P_j)}{n} \times 100\% \tag{6.2}$$

其中，P_i 和 P_j 为两组根据输入的激励信号产生的响应信号，每组信号长度为 n；$r_{i,m}$ 为响应信号 P_i 的第 m 位信息；k 为芯片个数。图 6.14 所示为不同芯片的片间汉明距离分布。根据正态分布可知，片间汉明距离的平均值为 49.4%，这表明本书设计的 PUF 电路具有唯一性。

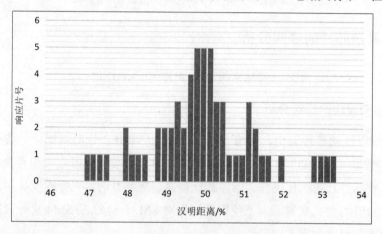

图 6.14　不同芯片的片间汉明距离分布

（2）随机性。

为了应对机器学习等建模攻击，PUF 电路应该具有随机性。PUF 电路的随机性可通过式（6.3）来计算：

$$\varepsilon_i = \frac{1}{m} \sum_{j=1}^{m} R_{i,j} \times 100\% \tag{6.3}$$

其中，$R_{i,j}$ 为芯片 i 的响应字符串 R_i 中的第 j 位；m 为 R_i 中的比特数。随机性 ε_i 的理想值为 50%。图 6.15 展示了由 12 个芯片产生的 12 个不同响应字符串的随机性，其所有值都接近 50%，这表明本书设计的 PUF 电路具有优秀的随机性。

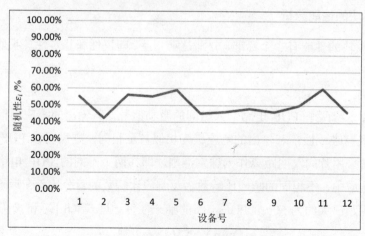

图 6.15　PUF 电路的随机性分布

（3）稳定性。

评价 PUF 电路的稳定性就是测试同一个 PUF 电路在多次重复测试中是否能够保持相同的输出。通常采用片内汉明距离作为评价准则，即把相同的激励信号重复输入同一个 PUF 电路，统计在产生的两次响应信号中，不同的响应比特数占总响应比特数的百分比。在理想情况下，同一个 PUF 电路接收相同的激励信号应该产生完全相同的响应信号，即理想情况下的片内汉明距离为 0，但因为受芯片的实际运行环境（包含温度、电压等其他不可控影响因素）的影响，响应信号发生变化。PUF 电路的稳定性可通过式（6.4）来计算：

$$\varphi_i = \left(1 - \frac{1}{h}\sum_{x=1}^{n}\frac{\mathrm{HD}\left(R_i, R'_{i,x}\right)}{h}\right) \times 100\% \tag{6.4}$$

其中，h 为芯片 i 在同一温度下由多次相同的激励信号产生的响应信号 R' 的个数；$R'_{i,x}$ 为芯片 i 的响应信号 R' 的第 x 个样本值；R_i 为理想温度下的响应参考值；$\mathrm{HD}\left(R_i, R'_{i,x}\right)$ 为片内汉明距离。

这里一共进行了两次测试，第一组测试的环境温度设定为 45℃，第二组测试在 65℃ 的温度下进行，同时规定在两组测试中，给每个芯片的 PUF 电路输入的相同激励信号的次数为 5。图 6.16 描述了 12 个芯片的稳定性。由图 6.16 可知，在两种温度下，稳定性 φ_i 主要分布在 99.95% 和 100% 之间，因此本书设计的 PUF 电路具有良好的稳定性。

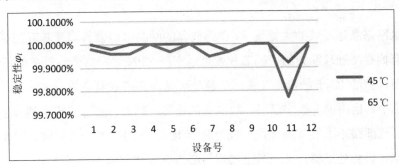

图 6.16 PUF 电路的稳定性分布

第 7 章

密码芯片优化

7.1 密码芯片优化概论

7.1.1 密码芯片性能指标

密码芯片实现的性能指标主要由其运算速度和实现规模决定。芯片的成本受其实现规模制约，芯片的处理性能由其运算速度体现。如何针对这两方面进行优化成了重中之重。

1. 运算速度

在计算机网络高速发展的大背景下，作为载体的网络密码硬件需要具有相对应的芯片处理性能，只有拥有高处理能力的密码芯片才可以支持 VPN 等网络密码设备的正常运行。

时至今日，智能 IC 卡的身影在生活中随处可见，其搭载着诸如数字签名、验证等密码运算，应用于个人信用卡、数字证书、数字身份证等。然而，随着其应用越来越广泛，芯片的运算速度已逐渐跟不上发展的步伐，成为智能 IC 卡应用中的一大掣肘。因此，将一种特殊的芯片用作密码协处理器，并在其上实现核心运算操作已成为当务之急。

密码芯片运算速度的指标主要有如下两个。

（1）加（解）密时间：加（解）密一个明（密）文分组所需的时间。

（2）加（解）密运算输出率：单位时间内加（解）密的比特数。加（解）密运算输出率由以下公式计算：

加（解）密运算输出率=分组长度×并行处理的分组数/加（解）密时间

在流水线模式下，并行处理的分组数影响加（解）密运算输出率。

在非流水线模式下，若分组长度一定，则加（解）密时间决定加（解）密运算输出率的大小。

2. 实现规模（面积）

对芯片而言，必须考虑可用资源。例如，芯片的面积只有几平方厘米或更小，设计者必须仔细考虑其包含哪些组件，如何排列它们，以及如何对其各种性能指标进行权衡。

对芯片设计而言，需要在有限的尺寸限制内完成更多任务，并且更加高效、快速、简单易用。因此，所有这些问题都需要仔细权衡，就像一种源于科学的艺术。

同时，芯片造价与实现规模线性相关，当实现规模太大时，会导致芯片造价变高。例如，ASIC 版图布线过于复杂和部分数据通路过长就是由电路规模过大引起的，从而提高了出现冒险、竞争等问题的概率。

在诸多应用中，由于成本、承载硬件的大小等因素的影响，密码芯片的面积并不能随意扩大。例如，智能卡 CPU 和用于智能卡的密码协处理器需要集成封装在 IC 卡片上，那么智能卡 CPU 就会影响密码芯片的面积。

在实现 ASIC 的过程中，实现规模体现在所用的晶体管数、芯片的面积（平方微米）及所用的逻辑门数几方面。

在 FPGA 实现中，由等效逻辑门数和 EDA 布线工具报告的所用逻辑单元数可得出实现规模，若过程中使用了内嵌存储块，则其面积也应计算在实现规模中。

7.1.2 密码芯片多层次优化

密码芯片设计主要基于密码学理论、算法优化理论、微电子学及芯片设计理论，综合以上理论进行优化设计。密码芯片的优化设计包括 3 个相互联系、相互影响的层次，分别如下。

（1）算法级优化：为了使算法更适合在硬件上实现，常将数学方法、算法优化理论用于优化密码算法的关键运算部分。算法级优化主要通过将复杂的运算简单化来提高算法的并行处理能力，从而通过流水线技术和硬件的并行处理提升性能。

（2）模块级优化：对密码算法进行模块协作和高效逻辑模块划分，同时把流水线、资源共享、并行处理等理论相结合来优化设计 RIL 级模块。

模块协作和高效逻辑模块划分技巧非常重要，好的模块结构能极大地精简各模块的结构，从而用最少的代码实现所需的功能，同时使各模块顺畅运行，保证系统更加稳定。最经典的案例就是 iOS 和安卓系统，虽然任何手机功能都可以在两者上实现，生态上的建设也总体相差不大，但 iOS 的稳定性、效率远好于安卓系统，这可以归功于 iOS 良好的系统结构。高效逻辑模块划分遵循以下 6 个原则。

原则一：合适的模块规模。

原则二：将可复用或相关的逻辑划分为同一模块。

原则三：将约束松的逻辑划分为同一模块。

原则四：将优化目标不同的逻辑拆分开。

原则五：将存储逻辑划分为独立模块。

原则六：对每个同步时序设计子模块的输出使用寄存器。

（3）电路级优化：通过考虑布线实现时的线路布局，综合数据通路长度，以及竞争/冒险的出现、线路延时等因素进行优化。随着芯片设计密度不断增加、运算速度不断提高、功耗不断降低，芯片设计需要考虑的电路特性也发生变化。当工艺尺寸小于或等于 0.25μm 时，芯片的性能将取决于内连接特性而不是晶体管的特性。如果在所采用的 EDA 工具中未能实现对内连接特性的精准预估，则将导致最终生成的芯片性能不能满足既定的标准与期望。

密码芯片的优化设计理论主要是通过对算法级和芯片结构级的优化，电路级优化相对独立，属于微电子学科的范畴。但在对算法和芯片结构进行优化设计的同时，应该与电路级优化相结合，使之相辅相成。

7.2　密码芯片结构优化

多轮迭代设计是多轮相似甚至相同的轮运算迭代的设计，分组算法大多使用多轮迭代设计。在密码芯片的结构设计中，可将之前提及的基本迭代结构运用到设计中，但是，若需要密码芯片具有较好的处理能力，则需要使用轮展开及流水线结构对芯片的运算性能进行提升。

密码芯片结构如图 7.1 所示。

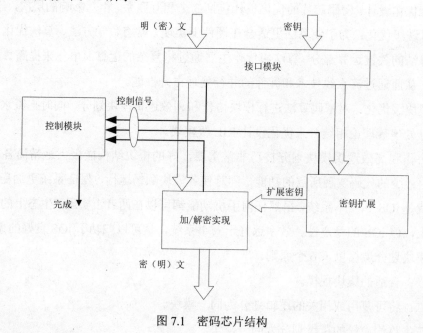

图 7.1　密码芯片结构

7.2.1　轮展开结构

通常通过 n 轮迭代运算实现分组对称密码算法，如 AES、DES 等。迭代运算结构主要

将密码算法的 k（k 整除 n）轮运算作为组合逻辑电路来实现，完成一次加/解密运算需要通过多路复用循环 n/k 次。

组合逻辑和时序逻辑两部分是电路 k 轮展开结构的主要组成部分。

时序逻辑包括一个复用器和一个寄存器，其中一定包含存储电路（触发器）。时序逻辑电路的输出状态由存储电路的输出状态与输入变量一起决定，存储电路输入端需要收到内部输出的反馈，任意时刻的存储电路输出都由该时刻的输入及时序电路原来的状态共同决定。因此，该电路具有记忆和存储功能，从而得以完成循环操作。时序逻辑电路框图如图 7.2 所示。

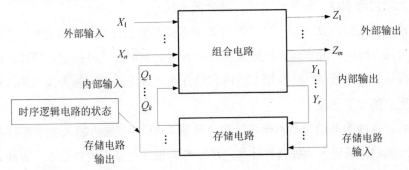

图 7.2　时序逻辑电路框图

组合逻辑实现加/解密的 k 轮操作（k 整除 n）。迭代运算结构电路任意时刻的输出只由该时刻的输入状态决定，而不受该时刻之前输出的影响。组合逻辑电路框图如图 7.3 所示。

图 7.3　组合逻辑电路框图

每个时钟周期进行 k 轮运算，一个分组的加/解密操作需要 n/k 个时钟周期。由于 k 轮展开后各轮间延迟变小，因此 k 轮展开结构的时钟周期略小于基本循环结构的 k 倍。当 $k = n$ 时，一个时钟周期内完成一个分组的加/解密操作。

相比于基本循环结构，轮展开结构拥有更高的处理性能，但其由于面积的增大也引起了 k 的增大。这种结构不但使芯片面积变大，而且对运算性能的提升并不明显，故此处不对轮展开结构进行过多分析。

7.2.2　流水线结构

流水线结构的原理是在各级运算中插入寄存器来缩短组合逻辑路径的长度，多个寄存器的加入将一个时钟周期内的逻辑操作分而治之，并将各部分放在各高速时钟内完成。若将其在一个时钟周期内实现的运算分为在相对均匀的 n 个时钟周期内完成，则其时钟频率将提高为之前的 n 倍。但是由于实际时钟周期并不是均匀的，因此实际的时钟频率达不到之前的 n 倍。同时，寄存器用于存储，在不同的处理阶段实现同时处理多组数据，提高了单位时间内所处理的数据数量，即系统的吞吐率，从而提高了运算效率。

流水线的级数决定了运算效率的高低，级数与运算效率线性相关。流水线的使用使多个分组同时进行，因此整体运算效率有所提高，但不会改变单个分组的加/解密时间。

在设计分组密码算法芯片时，一般由多轮相同的运算迭代组成密码算法，根据流水线实现的位置分为轮内流水线、轮外流水线、混合流水线。

通过将流水线设计方法运用到算法的单轮中来提高数据的单轮处理速度，将此方法称为轮内流水线方法。而轮外流水线方法则是通过在各轮运算展开的基础上，将寄存器加入各轮运算中来实现轮外流水线的。结合如上轮内和轮外流水线方法的便称为混合流水线方法，该方法可实现更高的运算速度。

（1）轮内流水线的基础是基本循环结构（见图 7.4），在轮内加入 k 个寄存器，使其逻辑路径的长度缩短，从而大大提高吞吐率，在保持面积变化微小的前提下，实现 k 个分组的同步运算，以显著提升近 k 倍的芯片输出率。然而，在同一轮内实现高效的流水线运作面临诸多挑战，这主要有以下两点原因。

① 单轮延时的限制：一般每轮的延时已经比较小了，因此再划分为几个阶段比较困难。

② 可划分操作的限制：对于对称分组算法，单轮内的操作一般是多种运算操作（如乘法、加法、异或等）的组合，不同运算操作的延时相差较大，通常流水线的电路设计需要在逻辑电路中直接进行。

（2）轮外流水线在 k 轮展开结构的各轮之间加入寄存器，如图 7.5 所示，实现 k 个分组的同时运算，芯片输出率提高近 k 倍。其中，完全的轮外流水线是指 $k = n$。但相比于基本迭代方式，轮外流水线的芯片面积会明显增大。而且，多个基本循环结构直接并行运算的性能与轮外流水线实现的性能基本相同。

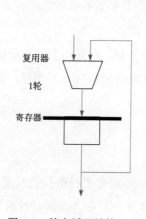

图 7.4　基本循环结构

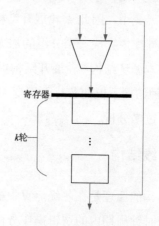

图 7.5　k 轮展开结构

（3）为了追求更高的芯片输出率，将轮内流水线和轮外流水线结合便得到混合流水线结构（见图 7.6），此时虽然得到了最高的芯片输出率，但付出了芯片面积增大的代价。

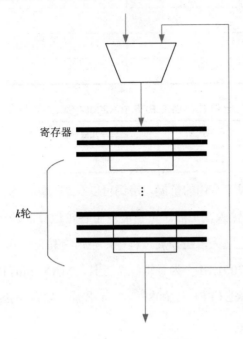

寄存器

k 轮

图 7.6　混合流水线结构

总之，在轮内实现多级流水线操作是实现对称算法高速芯片较好的方法，可以得到更高的处理速度，同时面积不过于增大；可以以轮内流水线为基础，运用模块并行或轮外流水线实现更好的性能。

7.3　密码芯片性能分析

分组对称密码芯片的轮展开结构即使增大了近 k 倍的芯片面积，也没有得到较大的处理性能的提升，故这里不对此结构进行下一步分析。基本循环结构的芯片面积最小，而且可以通过基本循环结构来预估其他结构的性能指标，因此这里重点对其进行讨论。

7.3.1　基本循环结构

芯片的主要构成部分是密钥扩展模块和加（解）密模块，因此，下面分别对这两部分进行分析。

用 Leonardo Spectrum 2001.1d 作为逻辑综合工具，MAX+plus II 10.1 作为布线和定时分析工具，在 Altera FLEX 10KE EPF10K200SFC672-1 芯片上实现 AES 算法的基本循环结构的性能表现如表 7.1 和表 7.2 所示。

表 7.1 Altera FLEX 10KE EPF10K200SFC672-1 芯片上的实现情况

算法性能指标	AES 算法
逻辑单元数	1821（18.2%）
时钟频率/MHz	30.95
加（解）密运算输出率/（Mbit/s）	396

表 7.2 Altera FLEX 10KE EPF 10K200SFC672-1 芯片性能指数

工艺	门数	逻辑单元数	内嵌存储块单元/位
0.25μm	200000	9984	98304

（2）密钥扩展模块实现了密钥的扩展，密钥可以在加（解）密过程中产生，也可以在加（解）密运算前预先生成。输入密钥后，可扩展产生各轮运算的轮密钥。密钥扩展时间是密钥扩展速度的性能指标，定义为密钥扩展过程中产生所有轮密钥所用的时间。

用 Leonardo Spectrum 2001.1d 作为逻辑综合工具，MAX+plus II 10.1 作为布线和定时分析工具，在 Altera FLEX 10KE EPF10K200SFC672-1 芯片上实现 AES 算法密钥扩展模块的性能表现如表 7.3 和表 7.2 所示。

表 7.3 Altera FLEX 10KE EPF10K200SFC672-1 芯片上的实现情况

算法性能指标	AES 算法
逻辑单元数	1490（14.9%）
存储单元/位	8432（8.6%）
时钟频率/MHz	26.66
密钥扩展时间/ns	375

7.3.2 外部流水线结构

前面提到，AES 算法的轮外流水线结构在每轮间加入额外的寄存器，同时用组合逻辑实现每轮运算，使得在芯片内可 8 个分组同时进行运算，因此，8 个分组并行处理多个数据分组，芯片的运算输出率提高了约 8 倍，即系统在单位时间内处理数据的速度提高了。

根据 AES 算法结构，可发现其具有以下两个显著特点。

（1）AES 算法每轮操作需要的一组子密钥仅与上一组密钥相关。

（2）AES 算法加/解密过程的核心是 8 轮操作，上一步的输出作为下一步的输入。

外部流水线流程图如图 7.7 所示。

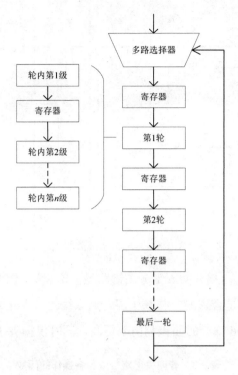

图 7.7　外部流水线流程图

用 Leonardo Spectrum 2001.1d 作为逻辑综合工具，在 Altera APEX 20KE EP20K1000EBC652
芯片上实现 AES 算法的轮外流水线的性能表现如表 7.4 和表 7.5 所示。

表 7.4　Altera APEX 20KE EP20K1000EBC652 芯片上的实现情况

算法性能指标	AES 算法
逻辑单元数	12708（33.1%）
估计加解密输出率/（Gbit/s）	3.96

表 7.5　Altera APEX 20KE EP20K1000EBC652 芯片性能指数

工艺	门数	逻辑单元数	内嵌存储块单元/位
0.18 μm	1772000	38400	327680

7.3.3　内部流水线结构

在轮内实现流水线，应将一轮内的操作尽可能平均分为 k 个模块，在模块间加入寄存
器，使其逻辑路径的长度缩短，分割越均匀，效率越高。

如何进行流水线划分使得关键路径最短及利用最简单的组合电路实现 AES 的轮单元就
是轮内流水线技术高性能 AES 实现设计的关键。本书对每轮加密过程进行改动，分成 6 级
流水线，如图 7.8 所示。

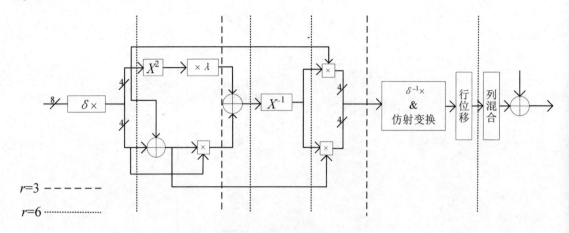

图 7.8　内部流水线流程图

由表 7.6 可以看出，轮内划分的 6 部分关键路径基本相等，因此各级的延时也基本相同，故将轮内操作分成 6 部分是合理的。与基于混合流水线的高吞吐率 AES 结构中将轮内流水线分成 7 部分相比，分成 6 部分的面积利用率更高，同时仅损失了部分处理速度。

表 7.6　轮内关键路径数和各操作的门数

轮内操作	总门数	关键路径
第一部分	16 XOR	5 XOR
第二部分	8 XOR	5 XOR
第三部分	78 XOR + 18 AND	3 XOR + 2 AND
第四部分	66 XOR+ 18 AND	4 XOR+ 1 AND
第五部分	18 XOR	4 XOR
第六部分	512 XOR	4 XOR

AES 算法的混合流水线结构将内部流水线和轮外流水线相结合，可实现最高的芯片输出率，估计芯片输出率超过 10Gbit/s，其实现规模是基本循环结构的 8～10 倍。

7.3.4　混合流水线性能分析

由表 7.7 可以看出，本书完成的工作使得吞吐率较同类文献结果平均提升接近 200%，最高提升 240%，提升效果显著。同时，较原始结果而言，使用外部 8 轮流水线结构的吞吐率提升了 8 倍。使用混合流水线结构相较于只使用外部流水线结构，吞吐率提升了 5.5 倍。

表 7.7　本书与同类文献在吞吐率、资源、吞吐率面积比上的比较

方案	频率/MHz	吞吐率/（Mbit/s）	资源/slice	吞吐率面积比/[（Mbit/s）/slice]
Hodjat	169.1	21640	9446	2.29
Zambreno	184.1	23570	16938	1.391
Zhang	168.4	21556	11022	1.956

续表

方案	频率/MHz	吞吐率/（Mbit/s）	资源/slice	吞吐率面积比/[（Mbit/s）/slice]
Good	240.9	30835	20720	1.488
原始	10.5	1345	1570	0.858
外部流水线	104.5	13374	15623	0.856
混合流水线	574.7	73562	28112	2.616

　　吞吐率的提升与面积线性相关，但由于增加内部流水线减少了占据面积巨大的 S-box 查找表，在一定程度上抑制了面积的增加。因此对于增大与吞吐率相关的面积，使用混合流水线也有积极作用。

　　与采用查找表的方法实现 S-box 转换不同，这里采用组合逻辑电路来实现 S-box 转换。查找表方法虽然提升了处理速度，却导致了过大的硬件面积占用；而组合逻辑电路则在提升电路复杂度的同时显著减小了所需的硬件面积。使用复合域算法简化域内的转换，降低电路的复杂度。为了进一步提升处理速度，本书设计了 6 级流水线，并在用于 S-box 转换的组合逻辑电路内部进行了流水线划分，以进一步提升处理效率。

第 8 章

密码芯片的研究热点及未来发展趋势

随着人工智能大数据时代的到来，网络数据安全与网络用户的切身安全越来越相关。世界各国相继出台各种法律文件来保护网络数据安全。与此同时，网络数据安全研究者也开发出各种硬件和软件来保护网络数据安全，以保障网络用户的数据安全。对数据进行保护的核心是密码技术，即密码的加密和解密。现阶段密码算法已经相对成熟，如何快速、高效地基于密码算法实现数据安全是目前研究的重点。一般不使用嵌入式系统中的微处理器实现密码算法，而是采用密码芯片的硬件实现方法。密码芯片的设计与研究主要考虑的是密码算法在硬件中直接实现对数据的保护。前面的章节主要从密码芯片的设计原理方面进行了介绍。本章主要从现阶段密码芯片的研究热点及未来发展趋势进行阐述，介绍密码芯片的攻击方式，以及密码芯片比较主流的设计思路。

8.1　密码芯片的攻击方式

密码芯片应用在互联网中的信息传输过程中，有效地阻止了网络空间的信息泄漏问题。由于密码芯片涉及密码算法、密钥等数据安全关键信息，因此其势必会遭到攻击者的攻击。攻击者对密码芯片进行非法读取、解剖、分析等以获取非法信息。本节主要介绍目前比较常见的密码芯片的攻击方式。

8.1.1　基于侧信道分析技术的攻击方式

侧信道分析攻击技术又称边信道攻击技术，主要是通过密码芯片运行过程中的时间消耗、功率消耗或电磁辐射之类的侧信道信息泄漏对密码芯片进行攻击的方法。传统的密码芯片攻击方式对密码处理器中的密码算法进行破解分析，并对输入/输出数据进行监听，从而在流程内进行攻击。侧信道分析攻击技术考虑的是密码处理器的实现，包括针对密码管理器完成一次加/解密过程产生的电压、功耗、电磁辐射及时序性等其他信道信息进行分析，获得密钥等关键信息。图 8.1 显示了以智能卡芯片为例的侧信道分析攻击技术。相对于传统的密码芯片攻击方式，侧信道分析攻击技术在成本上具有优势。传统的密码芯片攻击方式通过减小密钥空间，利用穷举的方式来进行破解，有一定的可行性。但是，防御者可以增加密钥的位数以增大密钥空间，从而提高穷举法的时间复杂度。然而，侧信道分析攻击技术与密钥长度无关。

侧信道分析攻击技术从攻击手段上可以分成两种方式。

第一种方式按照是否通过物理手段对密码芯片进行攻击分为入侵式、半入侵式、非入侵式 3 种。

入侵式：首先利用工具打开密码芯片的封装，除去钝化层；然后利用探测手段对芯片内部进行探测和分析。入侵式最重要的部件是微探针工作站，该工作站有带长焦的光学显微镜和稳定的平台测试座。探针臂可以对平台测试座上固定好的密码芯片以微米量级的精度进行移动。微探针安装在探针臂的末端，对芯片内部的电路结构不会造成破坏。除去钝化层可以用激光切出小孔，让单条总线暴露出来。在激光的运用中，要严格控制激光能量的大小，防止对芯片的其他部分造成影响。

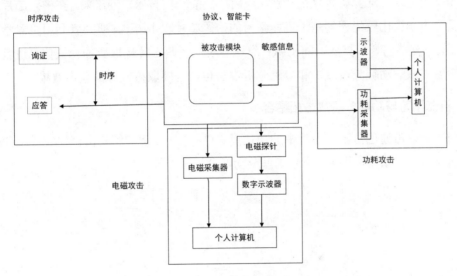

图 8.1　侧信道分析攻击技术示例

半入侵式：半入侵式和入侵式的第一步相同，都是打开密码芯片的封装，但是半入侵式不用除去钝化层，也不需要使用微探针、激光等昂贵的设备。它主要采用的攻击技术为先进的成像技术，其中包括激光扫描、热成像技术、红外光技术。利用这些技术从芯片的背面进行扫描，可以观察芯片内部的晶体状态，同时改变晶体状态。攻击者只要掌握一定的技巧和知识，就可以快速对密码芯片进行破解。

非入侵式：不需要解剖密码芯片，而通过对密码芯片在运行时的外部特征进行分析来攻击密码芯片，从而获取密钥等关键信息。密码芯片在运行时的外部特征包括电流、电压、电磁辐射、时间序列等。常用的手段有抖动电源电压和时钟信号来影响指令的解码过程，达到攻击效果；通过加压和欠压攻击手段来屏蔽保护电路；针对易失存储器存储的数据，可以通过降温冷冻的方式进行处理，将数据保存在存储器中，可以访问芯片并读取芯片中的数据内容。访问协议和接口信号同样可能成为非入侵式攻击的目标，一般密码芯片都是通过代理工厂来进行接口测试的，攻击者只要找到密码芯片的测试用接口，就很容易读取密码芯片中的数据信息。

第二种方式按照是否干扰密码芯片的正常运行来划分，划分为主动攻击方式和被攻击方式。主动攻击方式的原理是使密码芯片不能正常工作，如故障攻击。被动攻击方式的原理是不干扰密码芯片的运行，只分析密码芯片的电流、电压、功耗、电磁辐射等外部特征，如功耗攻击。

随着信息安全越来越受到人们的重视，针对密码芯片的攻击方式得到了广泛且深入的研究。侧信道分析攻击技术只是现阶段比较常用的攻击方式，但是随着技术的发展，会有更多的攻击方式出现，分析各种攻击方式对设计安全可靠的密码芯片非常重要。

8.1.2　密码芯片受到的机器学习攻击

机器学习是现在计算机领域最活跃、应用广泛的一门技术。近年来，在密码芯片攻击研究中也呈现出不少比较优秀的基于机器学习的密码芯片攻击方式。研究者利用机器学习中的 k 近邻算法、支持向量机算法、随机森林算法等对从密码芯片提取到的相关信息进行分析。将机器学习算法与功耗分析攻击和电磁分析攻击相结合能取得较好的攻击效果。

1. 机器学习与功耗分析攻击相结合

功耗分析攻击通过对密码芯片中的功耗泄漏进行分析，逐步解析出密码芯片中的密钥信息，从而攻破密码系统。图 8.2 所示为差分功耗分析模型。

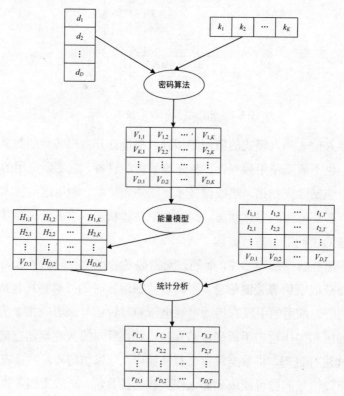

图 8.2　差分功耗分析模型

　　传统的功耗分析模型可以将攻击问题看作一个分类问题，恰好机器学习算法能够很好地处理分类问题。因此，将机器学习与功耗分析攻击相结合能快速解决攻击问题。下面以机器学习算法对 ATMega163 芯片中的 AES-256 密码攻击为例，阐述机器学习在其中的应用，主要有下面几步。

　　第 1 步：数据收集。攻击实验的数据主要是从差分功耗分析国际学术大赛中下载得到的。例如，DPA Contest v4 数据集就包含了 ATMega163 芯片中的 AES-256 密码的功耗曲线，共有 100000 条，每条功耗曲线都有 435002 个特征。该数据集公布了密钥、明文、偏移量和掩码，将公布的密钥、明文、偏移量和掩码使用 S-box 输出值的汉明重量作为标签提供给模型训练。

　　第 2 步：数据特征挑选。特征量太大会影响模型的训练和测试速度，经分析能够表现 S-box 汉明重量特征的点只占极少数，说明冗余特征很多。因此，需要进行数据特征挑选，可以采用两种方法来进行：第 1 种，在原始数据集中生成新数据，如主成分分析算法、线性降维算法；第 2 种，在原始数据集中选取子集，如通过对特征进行分析得到每个特征的得分，将评分高的特征选取出来构成子集。

　　第 3 步：训练机器学习模型。将数据集分成测试集和训练集，训练集用来训练机器学习模型，测试集用来对模型进行测试以达到较好的效果。

2．机器学习与电磁分析攻击相结合

　　电磁分析攻击通过探测设备获取密码芯片中的电磁辐射和内部信号，分析二者的相关性，从而高效地窃取密钥。此攻击与攻击对象之间不需要有电气连接，具有隐蔽性强，难以被发掘等优点。

　　电磁分析攻击的原理：首先，向密码芯片中输入数据，对密码芯片输出的电磁信息特征进行记录，对密钥进行假设猜想，计为 H_0；然后，选择攻击点，通过攻击点函数计算猜想密钥和已知数据的中间值，并利用汉明重量模型进行泄漏值计算，将泄漏值作为合适的统计量；最后，将得到的统计量与实际样本进行假设检验，根据假设检验判断是否接受或拒绝 H_0，重复假设检验得到正确的密钥，如图 8.3 所示。

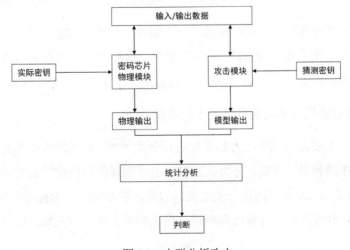

图 8.3　电磁分析攻击

将机器学习算法与电磁分析攻击相结合进行密码芯片攻击的思路和与功耗分析攻击相结合进行密码芯片攻击的思路一样，都要收集产生的电磁辐射数据，并通过训练机器学习算法对产生的数据进行密钥预测。

8.1.3 密码芯片受到的深度学习攻击

深度学习算法在人工智能领域发挥着重要作用，将深度学习算法和密码芯片攻击相结合也是研究的一个热门方向。本节介绍残差神经网络在密码芯片中的一些应用。

1. 残差神经网络

何凯明博士在 2015 年提出的残差神经网络广泛应用于图像视频分类和分析中。一般的深度学习在经过网络层的增加后会出现梯度消失问题，将残差结构引入神经网络成功地解决了深层次网络下梯度消失及训练效率低下的问题。图 8.4 所示为残差结构。

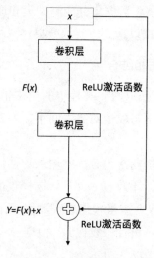

图 8.4 残差结构

当网络层次变得更深时，残差结构通过引入恒等映射连接对输入的 x 进行处理。该结构通过将 $F(x)$ 拟合为 0 来实现 $Y=F(x)+x$ 的恒等映射。这种方法可以解决网络退化问题，并且在反向传播过程中，由于引入了 x，因此导数值总是大于 1，从而有效解决了梯度消失问题。

2. 基于残神经差网络的功耗分析攻击的模型设计

残差神经网络主要针对成千上万幅图像进行分类预测，输入的数据都是矩阵的形式。功耗分析产生的时序序列是一维的，分类结果取决于所选择的密钥位。如果所选择的密钥位为 N，那么极限时将会有 $2N$ 种不同的分类结果。因此，需要构建一维残差神经网络模型（1D-ResNet）以对功耗分析数据进行训练和测试。图 8.5 所示为 1D-ResNet 的一般结构。

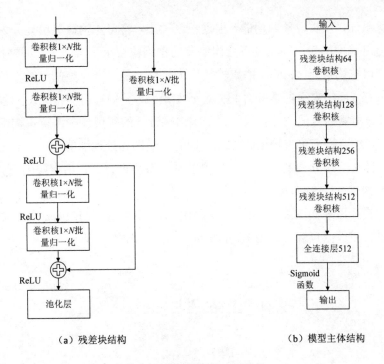

（a）残差块结构　　　　　　　（b）模型主体结构

图 8.5　1D-ResNet 的一般结构

其中，图 8.5（a）显示的是一个残差块结构，该结构由恒等块和卷积块两部分组成。在该结构中，网络层间的激活函数为 ReLU 函数，经过短路连接后，输入被送入最大值池化层进行处理，并使用一维卷积核进行卷积操作，其中，卷积核的大小为 1×N。最终输出为经过这些操作处理后的结果。图 8.5（b）显示的是模型主体结构，当攻击目标选择 8 位密钥时，模型输出维度为 $2^8=256$，分别对应 0x00～0xFF 的 256 种可能的密钥。

8.2　新型密码芯片设计介绍

前面讲述了目前主流的密码芯片的攻击方式，可以看出，目前针对密码芯片的攻击方式有很多，这为密码芯片的设计提出了挑战。在攻防转换中，研究者也提出了一些新的密码芯片的设计思想。本节讲述目前学术界和工业界提出的几种新的密码芯片的设计思想，包括可重构密码芯片设计、电流补偿电路的密码芯片设计及后量子时代的密码芯片设计。

8.2.1　可重构密码芯片设计

可重构计算技术应用于密码芯片解决了传统密码芯片不能同时存在多种算法的不足。该技术不仅能够找到密码芯片的最佳性能和最灵活方式的结合点，还能够提升密码芯片的安全防护能力。大部分研究者旨在通过结合可重构技术与 FPGA，构建一个灵活、高效且具备良好可扩展性的可重构密码体系结构。根据不同用户对密码算法的需求，可以在现有芯片中配置可重构计算单元，以实现预期功能。根据粒度大小，将可重构计算单元分为细粒度可重构单元和粗粒度可重构单元。细粒度可重构单元的重构粒度小于 4 位，当重构粒度超过 4 位时，为粗粒度可重构单元。FPGA 的重构粒度为 1 位，是一种典型的细粒度可重构器件。基于这一技术思路，近年来很多学者将 FPGA 研发出来，其中有可支持动态配置密钥的结构设计、支持各种分组密码算法的结构设计。这些结构设计的实现证实了可重构密码芯片的可行性。为了进一步综合提高可重构密码处理架构的灵活性和处理性能，这里阐述一种较新的密码芯片设计思路：采用异构紧耦合硬件架构的密码芯片设计，它由粗粒度的 ASIC 电路和细粒度的 FPGA 构成，即 RCHA。

RCHA 的设计原理如图 8.6 所示。该架构由 FPGA IP 和 ASIC 两部分组成，FPGA IP 负责控制算法逻辑和数据包解析，ASIC 主要负责密码运算的实现。

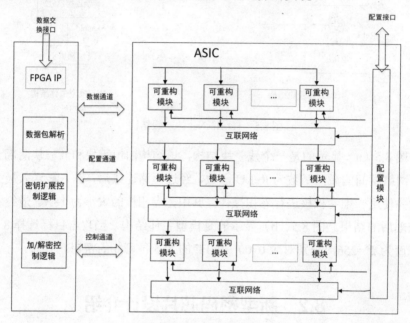

图 8.6　RCHA 的设计原理

RCHA 的可重构密码处理阵列由 3 部分组成：可重构模块、互联网络和配置模块。可重构模块和互联网络负责使用硬件对密码运算进行加速，配置模块负责接收来自外部的静态配置包，配置芯片初始化时可重构模块和互联网络需要的参数。FPGA 的控制电路由加/解密控制逻辑模块、密钥扩展控制逻辑模块和数据包解析模块组成。当 FPGA 收到数据包时，首先对其进行解析，然后控制执行密钥扩展和加/解密算法。RCHA 专门设计了控制通道、配置通道和数据通道，用于在 FPGA 的控制电路和 ASIC 可重构密码处理阵列之间进行高效的并行交互。控制通道用于传输两者间的启动、结束及握手响应等信号，配置通道用于传输 FPGA 的动态配置信息，数据通道用于传输需要进行加/解密处理的数据分组。

在算法重构方面，RCHA 具有很高的灵活性，一方面，可重构模块展现出卓越的重构能力，能够支持多种分组密码算法；另一方面，冗余的 FPGA 资源能够实现 ASIC 无法实现的密码运算逻辑，从而有效克服算法方面框架重构的局限性。通过将静态配置和动态配置相结合，配置 ASIC 可重构密码处理阵列，显著降低两者频繁交互引起的性能损耗。在配置完成后，数据包首先会被送到 FPGA 进行解析处理，然后传递给由 m 行 n 列可重构模块组成的 ASIC 可重构密码处理阵列，其中每行有 n 个可重构模块和 1 个互联网络，经过流水线设计后，可以实现 ASIC 可重构密码处理阵列中的数据流自上而下传输，并且可以满足多级流水和高吞吐率的需求，在提高芯片安全性的同时提升了运算速度。

8.2.2　电流补偿电路的密码芯片设计

大部分密码芯片攻击采取的手段都是功耗分析和电磁分析，设计一个避免运行中功耗和电磁泄漏的密码芯片十分必要。研究者相继设计出了多种芯片结构。例如，在 SoC 顶层添加抗功耗攻击模块，用来掩盖功耗泄漏；在智能卡中加入独立电源结构，用来防止功耗攻击；或者可以将一个动态功耗检测模块集成到芯片内部，以确保芯片功耗始终在一定范围内。这些措施在一定程度上降低了功耗分析和电磁分析攻击的风险。然而，研究者发现这些措施存在电路工作频率低、适用性差等问题。为了解决这些问题，研究者从安全性和适用性两个角度出发，进行了探索，设计出了电流补偿电路的密码芯片，其具体内部实现如图 8.7 所示。

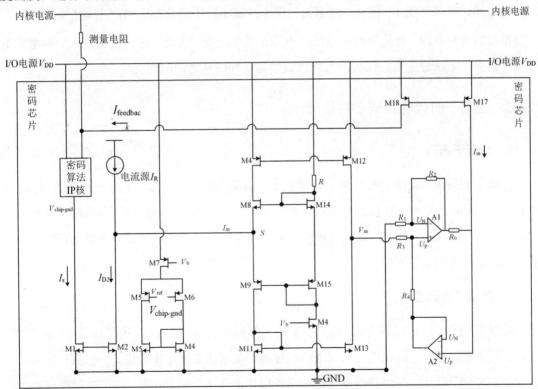

图 8.7　电流补偿电路密码芯片的具体内部实现

电流补偿电路的密码芯片设计过程有以下几步。

第 1 步：对于密码算法 IP 核中电流变化的检测，首先可以使用镜像电路，将 I_S 映射为变化方向与大小相等的镜像电流 I_{D2}，即 $I_S \approx I_{D2}$；接着在固定电流源状态下，将镜像电路输出改变为与 I_S 变化大小相等、方向相反的镜像电流 I_{in}，即 $I_{in} \approx I_R - I_S$。

第 2 步：使高线性转化 $I \rightarrow V$ 模块的输入电流为 I_{in}，并通过镜像放大技术将其放大，可以获得输出电压 V_m：

$$V_m = \frac{(W/L)_{12}}{(W/L)_{10}} R_m I_{in} = \frac{(W/L)_{12}}{(W/L)_{10}} R_m (I_R - I_S)$$

密码算法 IP 核中的电流变化大小和输出电压变化大小线性相关、方向相反，使得高线性转化 $V \rightarrow I$ 模块的输入电压为 V_m，通过转化操作获得输出电流 I_m：

$$I_m = \frac{V_m}{R_0} = \frac{\dfrac{(W/L)_{12}}{(W/L)_{10}} R_m (I_R - I_S)}{R_0}$$

第 3 步：通过镜像电流源电路，可以对输出电流 I_m 进行镜像变换，并映射到补偿电流 $I_{feedback}$，即 $I_m \approx I_{feedback}$。密码算法 IP 核中的电流变化 I_S 与补偿电流 $I_{feedback}$ 变化大小相等、方向相反。

当 I_S 通过密码算法 IP 核时，随着 I_S 的增大或减小，电流补偿电路产生与 I_S 大小相等、方向相反的补偿电流，且流经待测电阻的电流不发生改变。因此，可以使待测电阻两端的电压保持不变，无法通过差分探头获取处理数据与功耗信息之间的相关性。

8.2.3 后量子时代的密码芯片设计

1. 后量子密码

后量子密码指的是能够抵抗量子计算机对现有密码算法进行攻击的新一代密码算法。其中，"后"指的是量子计算机出现以后。由于量子计算机的出现，现有密码算法难以抵挡其攻击。因此，要设计一种可以抵抗这种攻击的密码算法，它能在量子计算及其之后的时代存活下来，被称为后量子密码。

2. 后量子密码芯片

随着后量子密码时代的到来，后量子密码也得到了发展。目前，无论是后量子密码算法，还是后量子密码芯片，都还没有形成统一的标准，全球都处于起步阶段。一旦获得突破，意味着在未来量子时代，可以获得重要的安全保障。清华大学研究团队在第 22 届密码硬件与嵌入式系统会议上发表了题为《采用低复杂度快速数论变换和逆变换技术在 FPGA 上高效实现 NewHope-NIST 算法的硬件架构》的阐述后量子密码芯片发展方向的论文。这篇论文意味着我们在后量子密码算法及后量子密码芯片的发展研究方面已经进入第一梯队。下面介绍采用低复杂度快速数论变换和逆变换技术在 FPGA 上高效实现 NewHope-NIST 算法的硬件架构的原理思想。

低复杂度快速数论变换和逆变换技术主要应用在格密码中，采用低复杂度数论变换方法和其硬件相结合的方式实现架构。在这种架构下，可以同时优化算法执行时间和硬件资源开销。研究表明，格密码的数论转换架构效率不高的原因在于其变换和逆变换分别需要进行预处理与后处理，而预处理与后处理的计算量巨大，这正是制约处理速度提升的瓶颈。清华大学研究团队将预处理部分融入时域分解快速傅里叶变换中，将后处理部分融入频域分解快速傅里叶变换中，彻底去除了这两部分的计算量。数论变换及其逆变换的原理图分别如图 8.8、图 8.9 所示。相比于经典快速傅里叶变换，此方法没有额外的时间开销，硬件代价比较小。

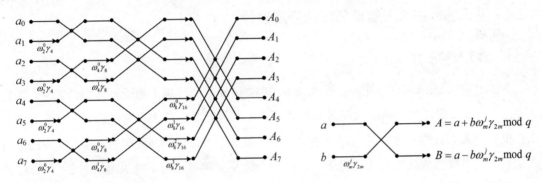

图 8.8　数论变换原理图

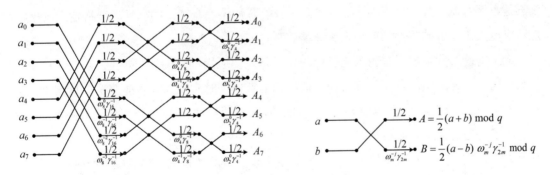

图 8.9　数论逆变换原理图

在去除预处理与后处理的巨大计算量后，清华大学研究团队针对 NewHope 算法的特定模数提出了一种无须执行乘法操作的恒定时间模约简方法，并据此设计了低复杂度数论变换硬件实现架构，如图 8.10 所示。在同规模数论变换硬件架构中，其执行速度最快，且面积减小了近 2/3。此外，这项研究还使用了双倍带宽匹配、时序隐藏等架构优化技术，进一步减少了执行 NewHope 算法的时钟周期数，设计了处理时间恒定的 NewHope 硬件架构。

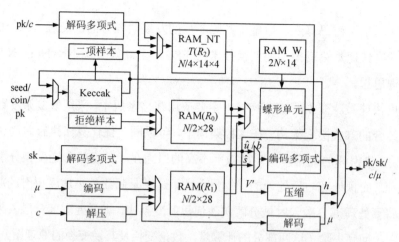

图 8.10　低复杂度数论变换硬件实现架构

8.2.4　密码芯片在人工智能领域的应用设计

1. 人工智能芯片

人工智能（Artificial Intelligence，AI）从 2017 年开始变得越来越受到人们的关注，在现实生活中，很多时候都能听到人工智能的声音。国家也非常重视人工智能领域的研究，政府工作报告对人工智能语境描述也越来越重，从"加快""加强"到现在的"深入"，国家将人工智能的发展当成现阶段市场竞争力的核心力量及实现弯道超车的关键技术之一，已经将人工智能提升为国家战略。理论研究最终的落脚点还是在硬件上，人工智能最终应用落地的基石是人工智能芯片（AI 芯片）。当前人工智能芯片还没有特定的标准来严格定义，业界把能够应用人工智能的芯片都称为人工智能芯片。

人工智能芯片主要用来对人工智能理论进行现实应用，该芯片主要还是遵守冯·诺伊曼体系结构，主要的功能是增加算力和降低能源消耗，同时实现人工智能算法。早在 20 世纪 80 年代，加州理工学院就开始研究人工智能芯片，利用模拟电路来仿生生物界的神经系统。目前比较普遍的人工智能芯片有中央 CPU、GPU、FPGA、ASIC。

人工智能芯片的相关研发从 2015 年开始逐渐在学术界和工业界变成一个热点方向。迄今为止，在云端和终端已经开发出专门针对人工智能应用设计的芯片与硬件系统。与此同时，针对目标应用场景是"训练"应用还是"推断"应用，可以把人工智能芯片划分成 4 个象限（云端训练、云端推断、终端训练、终端推断），如表 8.1 所示。目前，边缘/嵌入设备中主要是"推断"应用，训练需求还不是很明确。在某些高性能的边缘设备中，虽然也会有训练功能，但从硬件本身来看，它们更类似云端设备。随着技术的发展，在线学习变得非常重要，未来边缘/嵌入设备可能需要具备一定的学习能力。余下的 3 个象限都有自身实现的需求和约束，目前也都有针对性的芯片和硬件系统。

表 8.1　人工智能芯片的目标领域

	云端/HPC/数据中心		边缘/嵌入式设备	
训练		• 高性能 • 高精度 • 高灵活度 • 可伸缩 • 扩展能力 • 能耗效率	?	
推断		• 高吞吐率 • 低时延 • 可伸缩 • 可扩展 • 能耗效率		• 多种不同的需求和约束（从 ADAS 到可穿戴设备） • 低时耗 • 能耗效率 • 低成本
	GPU/ASIC/FPGA		ASIC/FPGA	

2．基于国密的人工智能芯片设计

随着人工智能的不断发展，智能终端相继出现，智能灯、智能音箱、智能摄像头已经进入人们的日常生活。人们在享受智能电器带来的方便的同时，大量的信息也在不断地泄漏，智能终端的安全问题变得十分重要。用密码芯片的设计思路来解决人工智能芯片的安全问题是一个可以实施的方案。

密码芯片使用国密算法以实现数据的加密、解密、签名、验证等功能。为了保护智能终端芯片的数据安全，研究者将国密算法加入智能终端芯片，实现信息安全。下面介绍基于国密算法和 PUF 电路的人工智能芯片近期的主要设计思路。该设计方案采用 AMBA 总线系统，结合国产 32 位低功耗 CPU、国密 SM2/3/4 算法、自主 PUF 电路、真随机数发生器（TRNG）和外围接口模块等设计了一款用于物联网智能终端的人工智能芯片，其架构如图 8.11 所示。

在图 8.11 中，TRNG、SM2、SM3、SM4、自主 PUF 电路是安全模块；ROM 用于存储芯片的启动代码；RAM 便于移植各种实时操作系统；AHB 用于提高数据的交互效率，高性能模块、SM2/3/4 和自主 PUF 电路在运行过程中对数据的访问实时性有较高要求，与 CPU 交互频率较高，AHB 系统可以满足数据通信要求。TRNG、定时器（TIMER）和外围接口访问 CPU，通过 AHB 转 AP 进行通信。从图 8.11 中可以看到，该设计不仅融合了多种安全单元，还配备了 I2C 接口、SPI 接口、GPIO 接口、UART 接口和 32 位的定时器，且 SPI 接口和 I2C 接口可以在主/从模式下进行软件配置，同时可以利用软件配置控制双向 I/O 接口 GPIO 的 I/O 方向。在丰富的外设保证下，该芯片具有很高的灵活性和实用性，极大地扩展了其应用领域。

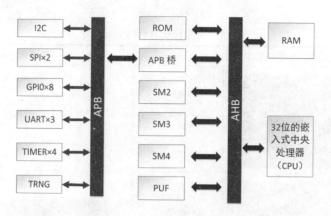

图 8.11　人工智能芯片构架

8.3　小结

伴随着智能信息时代的到来，大数据、云计算、物联网等技术已经深入人们的日常生活，构建了前所未有的应用场景。信息技术影响着人们生活、工作的方方面面，因此，信息安全技术在社会层面的重要性日益凸显。在此背景下，网络空间安全正在发生深度变革。以云计算、大数据、区块链、人工智能、量子计算等为代表的新兴技术不断拓展，不断冲击着传统的安全方法和技术，正在深刻地改变着安全的概念、架构、内涵和边界。在网络空间，密码作为重要的信息资源和价值载体，将更多地发挥核心和主导作用。随着这些新兴技术的迅速发展，密码技术的基础理论研究和攻防实践将掀起新一轮热潮。

近年来，网络数据泄漏事件频发，信息安全越来越受到人们的重视，密码芯片是保证信息安全的重要保障。根据国家密码管理局公布的数据，我国在密码芯片行业有非常广阔的市场，在密码芯片国产化和国家标准化的政策与国家战略的指引下，对内资企业即将形成 3500 亿元到 5000 亿元的市场规模，这还不算在护照芯片、智能手机芯片等方面广阔的市场。目前，密码芯片的应用场景主要为电子政务、电子商务、移动支付、电子支付、云计算、物联网、移动终端、智能卡、信息安全、大数据安全、金融安全、大型机服务器、智慧城市、航天、军工等相应的需要信息保护的各行各业。未来密码芯片的应用前景广阔，市场需求量大。相关密码芯片的设计制造岗位将会非常多。

对市场进行细分，按照低端芯片到高端芯片进行分类，目前，欧洲芯片公司控制了我国密码芯片 95% 的市场，我国的高性能密码芯片依然依赖进口，价格昂贵，不支持我国国家标准。因此，在密码芯片这种关乎国家安全的特殊产品的国产化浪潮下，未来基于国密密码体系的高端密码芯片将会得到大量的研发。

实　验

实验一　古典密码算法实验

一、实验目的

在历史上，传统密码技术被广泛采用，这些算法通常较简易，主要通过手工或机械手段来执行加密与解密过程。下面是置换密码算法实验，以帮助读者对密码算法有一个初步印象，加深对古典密码算法的了解，为深入学习密码学奠定基础。

二、实验介绍

试编程实现矩阵置换密码。它的加密方法是将明文中的字母按照给定的顺序安排在一个矩阵中，根据密钥提供的顺序重新组合矩阵中的字母，形成密文。代换密码算法就是使用代换法进行加密，将明文的字符用其他字符替代后形成密文。

三、实验步骤

例如，明文为 attack begins at five，密钥为 cipher，将明文按照每行 6 个字母的形式排在矩阵中，即

$$a\ t\ t\ a\ c\ k$$
$$b\ e\ g\ i\ n\ s$$
$$a\ t\ f\ i\ v\ e$$

根据密钥 cipher 中各字母在字母表中出现的先后顺序，给定一个置换：

$$f=1\ 4\ 5\ 3\ 2\ 6$$

根据上面的置换，将原有矩阵中的字母按照 1、4、5、3、2、6 的顺序排列，得到下列形式：

$$a\ a\ c\ t\ t\ k$$
$$b\ i\ n\ g\ e\ s$$
$$a\ i\ v\ f\ t\ e$$

从而得到密文 aacttkbingesaivfte。解密过程类推。

四、实验要求

通过此次实验，对古典密码算法有了进一步的了解，同时，在实验过程中学习如何更好地完善一个问题的求解过程。

实验二 密码芯片设计理论与方法实验

一、实验目的

20 世纪 70 年代，密码学主要局限于外交、军事和政府机构。然而，随着时间的推移，到了 20 世纪末，金融和通信行业已经开始采用硬件加密技术。尤其在 20 世纪 80 年代末，数字手机系统的出现标志着密码学首次在大众市场得到广泛使用。时至今日，密码学已成为人们日常生活的一部分，无论是使用遥控器开启车辆或车库的门、接入无线局域网络、使用信用卡在实体或在线商店购物、安装软件、进行 IP 电话通话，还是在公共交通系统中购买车票，都离不开密码学的应用。

对称加密算法和非对称加密算法在信息的传播与其他商业、工业、生活场景的安全使用上发挥了至关重要的作用，而密码芯片作为搭载了加密算法的硬件载体，在银行、税务、政府等领域随处可见其身影，它是信息保护和认证的重要一环。本实验旨在通过模拟各大加密算法在密码芯片中的应用来进一步提高读者对密码芯片内部组成构造的认识。

二、实验介绍

通过深入学习常用的加密算法，掌握其对明文的加密流程和背后的原理，对密码芯片背后的加密理论有所了解。结合 2.3 节，任选某一对称加密算法或非对称加密算法，通过查阅资料，画出密码芯片在该加密算法下的加密流程图。

三、实验步骤

（1）任选一个感兴趣的算法进行深入了解，掌握其背后详细的加密方法和实现原理，手工模拟某一明文信息在该密码算法下如何一步一步地加密转变成密文。

（2）查阅资料，了解密码芯片的基本构造和加密流程，特别是对于芯片中安全算法单元要有深刻的认知，知道步骤（3）中加密算法的硬件实现方法。

（3）结合以上两步，画出密码芯片在选用的加密算法下对信息进行加密的流程图。

四、实验要求

（1）根据实验步骤画出密码芯片的加密流程图，要求正确、全面且尽可能详细地描述密码芯片中安全算法单元的处理动作。

（2）独立完成实验，并于实验后列出查阅的参考文献和心得体会，实验报告应多用精练的短句，文字表述要简洁明白、恰当准确，避免模棱两可和易产生歧义的表述，尽量采用专业术语。

实验三 侧信道分析智能卡实验

一、实验目的

通过对智能卡进行侧信道分析，加深对侧信道攻击的了解，深刻掌握侧信道分析的原理；学会使用 Inspector 对智能芯片进行测试攻击。

二、实验介绍

智能卡（也称集成电路卡、IC 卡）是用于加密芯片（如金融卡、SIM 卡、公交 IC 卡和社保卡）的使用最广泛的加密设备之一。侧信道分析技术之所以侧重于分析智能卡，是因为智能卡功能单一、电路简单、有统一的国际标准。本实验分析接触式智能卡的侧信道。

Riscure 公司针对智能卡的侧信道分析给出了测试环境 Inspector，如图 1 所示。该实验环境主要需要一台计算机（包括主机、显示器等配件），扮演控制和数据处理的角色；一台能耗监测装置 Power Tracer（或射频信号检测工具 RF Tracer、电磁波检测站 EM Probe Station）；一台示波器；所需的连接电缆。另外，计算机上还需要安装 Riscure 公司的一套专用的侧信道分析软件。

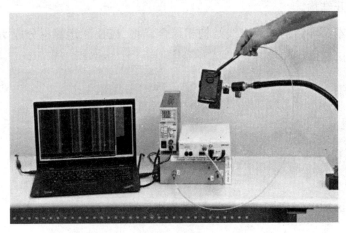

图 1　测试环境 Inspector

三、实验步骤

Riscure 侧信道分析工具对智能卡的功耗分析工作过程可简述如下：计算机上的 Inspector 产生随机明文，发送给 Power Tracer 中的智能卡进行加密，加密所得的密文返回并保存到计算机中。此加密过程会产生相应的功耗。一旦智能卡开始工作，Power Tracer 就向示波器发送其通过电阻采集的与加密过程相关的功耗数据。之后，示波器开始处理和分析这些功耗数据，并传送给计算机。计算机也需要对示波器进行设置，功耗数据将在 Inspector 中以曲线形式表现出来。

四、实验要求

要求采用 Inspector 对智能卡进行侧信道分析，并尝试对常规的 DES 卡、AES 卡进行 SPA 和 DPA 破译，而对使用了 RSA 和 ECC 算法的智能卡采用+SPA 进行分析；能够阐述相关原理，并将实验过程和实验结果记录下来。

实验四　基于 AES 算法的改进 FPGA 加密芯片实现

一、实验目的

以 AES 算法为基础，在 IPSec 协议下实现改进的 FPGA 加密芯片结构。

二、实验介绍

AES 算法常见的硬件实现方式有以下 3 种。

（1）基本循环结构。

（2）流水线结构。

（3）循环展开结构。

本实验将基本循环结构和流水线结构相结合，将 AES 轮运算拆分成两级内部流水线，从而实现轮函数运算速度的提升。

三、实验步骤

1. 实验环境

（1）Quartus Ⅱ 5.0 平台。

（2）VHDL。

（3）以 Stratix EPIS25F1020C5 作为目标芯片。

2. 具体步骤

根据下述流水线结构的 AES 加/解密系统的整体结构，并查阅相关资料，实现该结构。

在 AES 加密系统中，密钥和数据的尺寸均为 128 位。AES 加密核由多个模块组成：I/O 模块、密钥扩展模块、轮计数器、加/解密模块、轮密钥存储模块及主控制模块。主控制模块负责发出控制指令，以确保其他模块协同工作。加密或解密操作启动时，I/O 模块首先收到密钥，并将其传递至密钥扩展模块。密钥扩展模块负责密钥的扩展工作，并将扩展后的密钥存储在轮密钥存储模块中。轮密钥存储模块采用 16×128 位的 RAM 结构。随后，数据进入加/解密模块进行相应处理。处理完成后，加密后的数据或解密后的明文通过 I/O 模块发送出去。整个加密和密钥扩展过程由轮计数器生成的计数信号来控制。整体结构设计参考图4.11。

主要代码：

```
module aes (
    input wire                    clk,
    input wire                    rst_n,
    input wire                    init,
    input wire [255:0]key_in,
    input wire [1:0] keylen,
    input wire [127:0]            init_plain,
    input wire                    next,

    output wire [127:0]           cipher,
    output wire                   cipher_ready,
    output wire                   key_ready,
    output wire [127:0]           plain,
    output wire                   decode_done,
    output wire                   error
);
wire [127:0] round_key;
wire [3:0] round_nu;

wire [3:0]                        de_round;

wire [3:0]                        round;
wire [3:0] temp_round = (cipher_ready)? de_round: round;

aes_key_expasion u_aes_key_expasion (
    .clk                          (clk),
    .rst                          (~rst_n),
    .key_in                       (key_in),
    .keylen                       (keylen),
    .init                         (init),
    .round                        (temp_round),
    .round_key                    (round_key),
    .key_ready                    (key_ready),
    .round_num                    (round_num)
);




aes_encipher u_aes_encipher (
    .clk                          (clk),
```

```
        .rst                        (~rst_n),
        .next                       (next),
        .round_num                  (round_num),
        .key_ready                  (key_ready),
        .round_key                  (round_key),
        .round                      (round),
        .plain                      (init_plain),
        .cipher                     (cipher),
        .cipher_ready               (cipher_ready),
        .error                      (error)
);


aes_decipher u_aes_decipher (
        .clk                        (clk),
        .rst                        (~rst_n),
        .round_num                  (round_num),
        .cipher_ready               (cipher_ready),
        .round_key                  (round_key),
        .de_round                   (de_round),
        .cipher                     (cipher),
        .plain                      (plain),
        .plain_ready                (decode_done)
);

endmodul
```

四、实验要求

根据图 4.11 并结合本节知识，完成 AES 对称加密芯片设计，在 Quartus II 5.0 平台上完成芯片性能测试，将得到的性能测试结果与 4.3.2 节的结果进行对比。

实验五　RSA 算法工程实现

一、实验目的

了解并掌握 RSA 算法，能够通过编程实现并进行仿真。

二、实验介绍

1. 硬件配置

处理器：Inter(R) Core(TM) i5-2430M CPU @ 2.40 GHz (4 CPUs)，2.4GHz。

内存：2048MB RAM。

2．使用软件

（1）操作系统：Windows 7 旗舰版。

（2）软件工具：Microsoft Visual C++ 6.0。

三、实验步骤

主要方法如下。

（1）public static void GetPrime( )。

方法名称：产生大数的方法。

说明：利用 Java 语言的中的 java.math.BigInteger 类的方法随机产生大数。

（2）public static boolean MillerRobin(BigInteger num)。

方法名称：判断是否是质数的方法。

说明：num 是由 GetPrime( )方法产生的大数。这个方法判断 GetPrime( )方法传来的是否为质数，若是就返回 true，否则返回 false。

（3）public static BigInteger powmod(BigInteger a,BigInteger t,BigInteger num)。

方法名称：大数的幂运算方法。

说明：这个方法对传入的大数进行幂运算。

（4）public static BigInteger invmod(BigInteger a,BigInteger b)。

方法名称：大数的取模运算方法。

说明：这个方法对大数进行取模运算。

（5）public static String Encode(String inStr,BigInteger PrimeP,BigInteger PrimeQ,BigInteger n,int nLen,int m,JTextField d）。

方法名称：加密算法。

说明：inStr 是从界面输入的明文，PrimeP 和 PrimeQ 是由 GetPrime( )方法产生的两个大质数，n 是由 PrimeP 和 PrimeQ 得到的值，nLen 是 n 的长度，d 是公钥。

（6）public static String DecodeString inStr,BigInteger PrimeP,BigInteger PrimeQ,BigInteger n,int nLen,int m,JTextField e)。

方法名称：解密算法。

说明：inStr 是从界面输入的明文，PrimeP 和 PrimeQ 是由 GetPrime( )方法产生的两个大质数，n 是由 PrimeP 和 PrimeQ 得到的值，nLen 是 n 的长度，e 是私钥。

RSA 公钥加密算法流程图如图 2 所示。

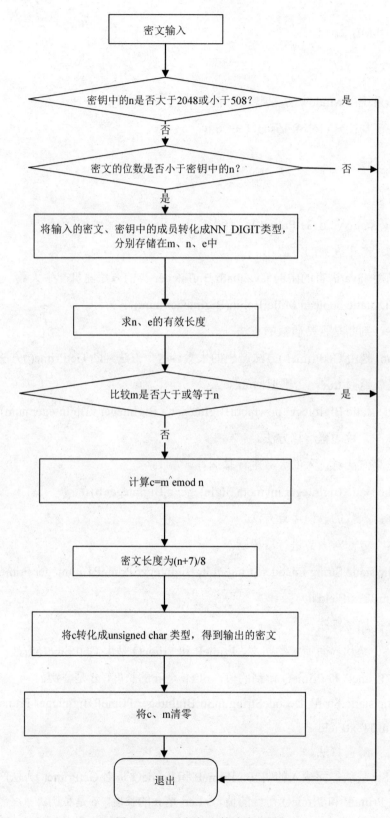

图 2 RSA 公钥加密算法流程图

RSA 私钥解密算法流程图如图 3 所示。

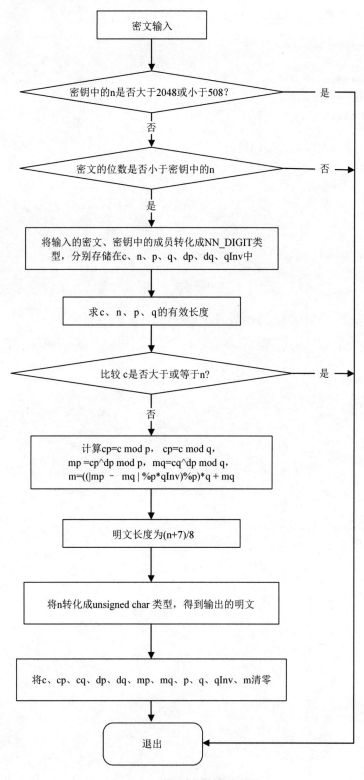

图 3　SA 私钥解密算法流程图

主要代码如下。

① 判定一个数是否为质数：

```
bool test_prime(Elemtype m) {
    if (m <= 1) {
        return false;
    } else if (m == 2) {
        return true;
    } else {
        for (int i = 2; i <= sqrt(m); i++) {
            if ((m % i) == 0) {
                return false;
                break;
            }
        }
        return true;
    }
}
```

② 将十进制数据转化为二进制数组：

```
void switch_to_bit(Elemtype b, Elemtype bin[32]) {
    int n = 0;
    while (b > 0) {
        bin[n] = b % 2;
        n++;
        b /= 2;
    }
}
```

③ 求最大公约数：

```
Elemtype gcd(Elemtype a, Elemtype b) {
    order(a, b);
    int r;
    if (b == 0) {
        return a;
    } else {
        while (true) {
            r = a % b;
            a = b;
            b = r;
            if (b == 0) {
                return a;
                break;
            }
        }
    }
}
```

```
}
```

④ 用二进制扩展欧几里得算法求乘法逆元：

```
Elemtype extend_euclid(Elemtype m, Elemtype bin) {
    order(m, bin);
    Elemtype a[3], b[3], t[3];
    a[0] = 1, a[1] = 0, a[2] = m;
    b[0] = 0, b[1] = 1, b[2] = bin;
    if (b[2] == 0) {
        return a[2] = gcd(m, bin);
    }
    if (b[2] == 1) {
        return b[2] = gcd(m, bin);
    }
    while (true) {
        if (b[2] == 1) {
            return b[1];
            break;
        }
        int q = a[2] / b[2];
        for (int i = 0; i < 3; i++) {
            t[i] = a[i] − q * b[i];
            a[i] = b[i];
            b[i] = t[i];
        }
    }
}
```

⑤ 快速模幂算法：

```
Elemtype modular_multiplication(Elemtype a, Elemtype b, Elemtype n) {
    Elemtype f = 1;
    Elemtype bin[32];
    switch_to_bit(b, bin);
    for (int i = 31; i >= 0; i−−) {
        f = (f * f) % n;
        if (bin[i] == 1) {
            f = (f * a) % n;
        }
    }
    return f;
}
```

⑥ 生成密钥：

```
void produce_key() {
    cout << "输入质数 p 和 q:";
    cin >> p >> q;
```

```
        while (!(test_prime(p) && test_prime(q))) {
            cout << "输入错误，请重新输入!" << endl;
            cout << "输入质数 p 和 q:";
            cin >> p >> q;
        };
        pr.n = p * q;
        pu.n = p * q;
        fn = (p - 1) * (q - 1);
        cout << "fn 为： " << fn << endl;
        cout << "输入随机数 e:";
        cin >> e;
        while ((gcd(fn, e) != 1)) {
            cout << "e 输入错误，请重新输入!" << endl;
            cout << "输入随机数 e:";
            cin >> e;
        }
        pr.d = (extend_euclid(fn, e) + fn) % fn;
        pu.e = e;
        flag = 1;
        cout << "公钥(e, n): " << pu.e << ", " << pu.n << endl;
        cout << "私钥 d: " << pr.d << endl;
        cout << "请输入下一步操作序号:" << endl;
}
```

⑦ 加密：

```
void encrypt() {
    if (flag == 0) {
        cout << "setkey first:" << endl;
        produce_key();
    }
    cout << "输入明文 m:";
    cin >> m;
    c = modular_multiplication(m, pu.e, pu.n);
    cout << "密文 c 为: " << c << endl;
    cout << "请输入下一步操作序号:" << endl;
}
```

⑧ 解密：

```
void decrypt() {
    if (flag == 0) {
        cout << "setkey first:" << endl;
        produce_key();
    }
    cout << "输入密文 c:";
    cin >> c;
    m = modular_multiplication(c, pr.d, pr.n);
    cout << "明文 m 为: " << m << endl;
```

```
        cout << "请输入下一步操作序号:" << endl;
}
```

四、实验要求

实验结果如图 4 所示。

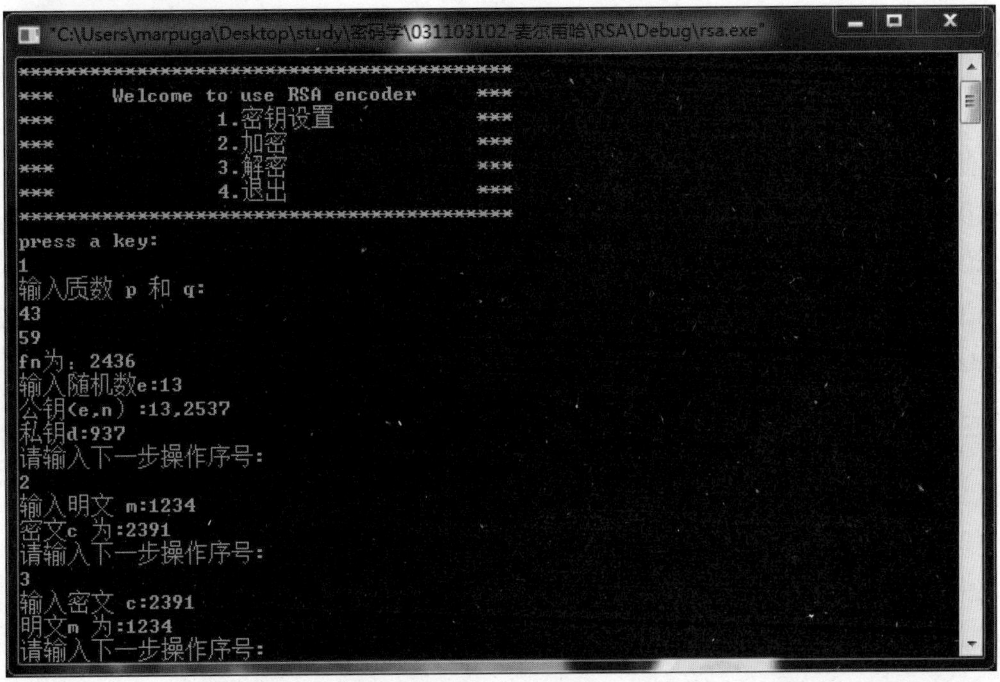

图 4　实验结果

要求在实验过程中必须对实验原理有深刻的理解，同时能够编写代码，实现实验中的 RSA 算法；对于实验报告，要求自己编写相关原理，严禁抄录。

实验六　实现基于 MIPS 架构的流水线处理器

一、实验目的

（1）了解提高 CPU 性能的方法。

（2）掌握流水线 MIPS 微处理器的工作原理。

（3）理解数据冒险、控制冒险的概念，以及流水线冲突的解决方法。

（4）掌握流水线 MIPS 微处理器的测试方法。

二、实验任务

设计一个 32 位流水线 MIPS 微处理器，具体要求如下。

（1）至少运行下列 MIPS32 指令。

① 算术运算指令：ADD、ADDU、SUB、SUBU、ADDI、ADDIU。

② 逻辑运算指令：AND、OR、NOR、XOR、ANDI、ORI、XORI、SLT、SLTU、SLTI、SLTIU。

③ 移位指令：SLL、SLLV、SRL、SRLV、SRA。

④ 条件分支指令：BEQ、BNE、BGEZ、BGTZ、BLEZ、BLTZ。

⑤ 无条件跳转指令：J、JR。

⑥ 数据传送指令：LW、SW。

⑦ 空指令：NOP。

（2）采用 5 级流水线技术，对数据冒险实现转发或阻塞功能。

（3）在 XUP Virtex-Ⅱ Pro 开发系统中实现 MIPS 微处理器，要求 CPU 的运行速度高于 25MHz。

三、基本设备

（1）装有 ISE、ModelSim SE 和 ChipScope Pro 软件的计算机。

（2）XUP Virtex-Ⅱ Pro 开发系统一套。

（3）SVGA 显示器一台。

四、实验要求

（1）打开 PipelineCPU_VGA 中的工程文件，将已完成的代码添加到工程文件中，对工程进行综合、约束、实现，并下载到 XUP Virtex-Ⅱ Pro 开发实验板中。接入 SVGA 显示器，复位，每按一下 UP 键，MIPS CPU 运行一步。观察显示器，必须显示正确的结果。具体操作步骤这里不再赘述。

（2）要求独立完成，并于实验后列出查阅的参考文献和写出心得体会，附上实验代码。

实验七　ARM 架构流水线处理器的构建

一、实验目的

（1）分析 ARM 指令集，明确指令功能、指令在 CPU 中执行各阶段的行为。

（2）设计 ARM 处理器的数据通路和控制通路，画出指令描述表和指令的状态转移图。

（3）利用 Vivado 软件，用 Verilog 硬件描述语言描述 CPU 中各分部件，利用软件实现各分部件的功能仿真。

（4）利用 Vivado 软件，用 Verilog 硬件描述语言实现分部件的互联，即实现数据通路和控制通路。

（5）编写测试用的汇编指令，并将汇编指令转换为二进制指令编码，加载到 CPU 的指令存储器中。

（6）将 ARM 处理器编程下载至 FPGA 实验板，运行测试程序，并通过实验板上的 LED或数码管显示执行结果。

二、实验介绍

写出实验操作的总体思路、操作规范和主要注意事项，按顺序记录实验中的每个环节和实验现象；画出必要的实验装置结构示意图，并配以以下相应文字说明。

（1）说明所实现的 ARM 处理器是多周期 CPU 还是流水线 CPU，一共实现了多少条指令，以及测试通过了多少条指令。

（2）描述设计思路，如果实现了多周期 CPU 和流水线 CPU，请分别描述设计思路。

（3）对于实现的多周期 CPU，画出指令描述表和指令的状态转移图，一类指令可以画一个表或一个状态转移图。

（4）画出所设计的 CPU 的数据通路和控制通路的合成图，要求为 Visio 图或其他可再次修改的图，不能用无法修改的图片。

三、实验要求

说明分析方法（逻辑分析、系统科学分析、模糊数学分析或统计分析等的方法），对原始数据进行分析和处理，写出明确的实验结果，并说明其可靠程度。

实验八 基于机器学习的差分功耗攻击实验

一、实验目的

本实验的目的是让读者能够掌握差分攻击技术，并且能够结合机器学习对差分攻击数据进行分析并得到最终的密钥攻击效果。

二、实验介绍

前面提到，近年来，在密码芯片攻击研究中呈现出不少比较优秀的基于机器学习的密码芯片攻击方法。研究者利用机器学习中的 k 近邻算法、支持向量机算法、随机森林算法等对密码芯片提取到的相关信息进行分析。其中将机器学习算法与功耗分析攻击和电磁分析攻击相结合能取得较好的攻击效果。

三、实验步骤

（1）密码芯片能量数据获取。

本实验的数据集为 DPA Contest V4。

（2）数据集的特征选择（具体见 8.1.3 节相关内容）。

（3）机器学习模型选择（具体见 8.1.3 节相关内容）。

（4）模型分析和检验（具体见 8.1.3 节相关内容）。

四、实验要求

（1）下载需要训练的密码芯片能量数据，并对数据进行处理，使其可以满足机器学习训练要求。

（2）对芯片功耗数据的特征进行提取，采用主成分分析算法、线性降维算法和 mRMR 特征选择算法进行实验，并画出比较曲线图，分析哪种算法比较好，也可以几种算法组合使用。

（3）用支持向量机、k 近邻、随机森林、朴素贝叶斯等机器学习算法进行训练，并对每种模型的结果进行分析。

附录 A

缩略语和术语

A.1　缩略语

缩略语表如表 A.1 所示。

表 A.1　缩略语表

缩写	全称	译文
ASIC	Application Specific Integrated Circuit	专用集成电路
FPGA	Field Programmable Gate Array	现场可编程门阵列
SoC	System on Chip	片上系统
DES	Data Encryption Standard	数据加密标准
VPN	Virtual Private Network	虚拟专用网络
AES	Advanced Encryption Standard	高级加密标准
GSM	Global System for Mobile	全球移动通信系统
NBS	National Bureau of Standards	美国国家标准局
NSA	National Security Agency	美国国家安全局
EFF	Electronic Frontier Foundation	电子前沿基金会
NIST	National Institute of Standards and Technology	美国国家标准与技术研究院
RSA	Rivest-Shamir-Adleman	以发明者的姓氏命名的非对称加密算法
OAEP	Optimal Asymmetric Encryption Padding	最优非对称填充
ECC	Elliptic Curve Cryptography	椭圆曲线密码学
TPM	Trusted Platform Module	可信平台模块
FIB	Focused Ion Beam	聚焦离子束
SCA	Side-Channel Analysis	侧信道分析
SSCA	Simple Side-Channel Analysis	简单侧信道分析
DSCA	Differential Side-Channel Analysis	差分侧信道分析
CSCA	Correlation Side-Channel Analysis	相关性侧信道分析
MIA	Mutual Information Analysis	互信息分析
IC	Integrated Circuit	集成电路
CRC	Cyclic Redundancy Check	循环冗余检验
HDL	Hardware Description Language	硬件描述语言

缩写	全称	译文
RTL	Register Transfer Level	寄存器传输级
STA	Static Timing Analysis	静态时序分析
DFT	Design for Testability	可测性设计
CTS	Clock Tree Synthesis	时钟树综合
LVS	Layout Versus Schematic	版图与门级电路图对比
DRC	Design Rule Check	设计规则检查
ERC	Electrical Rule Check	电气规则检查
DFM	Design for Manufacturing	面向制造的设计
ECO	Engineer Changing Order	工程师变更命令
CMVP	Cryptographic Module Validation Program	密码模块验证体系
CC	Common Criteria	通用评估标准
TOE	Target of Evaluation	待评估的安全产品或系统
MCU	Microcontroller Unit	微控制器单元
DPA	Differential Power Analysis	差分能量分析
SPA	Simple Power Analysis	简单能量分析
PIN	Personal Identification Number	个人识别码
CA	Certification Authority	认证中心
CBC	Cipher Block Chaining	密码分组链接
ECB	Electronic Codebook	电子密码本
OFB	Output Feedback	输出反馈
CFB	Cipher Feedback	密文反馈
CTR	Counter Mode	计时器模式
TRNG	True Random Number Generator	真随机数发生器
PUF	Physical Unclonable Function	物理非克隆功能
PCA	Principal Component Analysis	主成分分析算法
LDA	Linear Discriminant Analysis	线性降维算法
PQC	Post-quantum Cryptography	后量子密码
AI	Artificial Intelligence	人工智能
CPU	Central Processing Unit	中央处理器
GPU	Graphics Processing Unit	图形处理器

A.2　术语

密钥（Key）：控制密码变换操作的关键信息或参数。

敏感信息（Sensitive Information）：安全芯片中除密钥外需要保护的数据。

安全芯片（Security Chip）：实现一种或多种密码算法，直接或间接地使用密码技术保护密钥和敏感信息的集成电路芯片，包括硬件实体及依附于该硬件实体运行的固件。

安全能力（Security Capability）：安全芯片对密钥和敏感信息能够提供的直接和/或间接的保障与防护措施。

分组密码算法的工作模式（Block Cipher Operation Mode）：电码本（ECB）模式、密文分组链接（CBC）模式、密文反馈（CFB）模式、输出反馈（OFB）模式等。

公钥密码算法的应用模式（Public Key Cipher Application Mode）：加/解密、签名/验证和密钥协商等。

密码算法的运算速率（Operation Speed of Cryptographic Algorithm）：安全芯片实现的密码算法在单位时间内可处理的最大数据量。

物理随机源（Physical Random Source）：基于物理噪声具有的不确定性而产生随机序列的源部件。

固件（Firmware）：固化在安全芯片内的程序代码，负责控制和协调安全芯片的功能。

硬件（Hardware）：安全芯片的物理实体。

生命周期（Life Cycle）：安全芯片从研制到交付用户使用的全过程。

标识（Identification）：安全芯片内部固化的一组数据，用以识别不同的安全芯片。

权限（Permission）：一组规则，规定用户被许可的操作范围。

密钥管理（Key Management）：密钥的生成、存储、使用、更新、导入、导出和销毁等过程的管理。

隐式通道（Covert Channel）：可用来以违反安全要求的方式传送密钥和敏感信息的传输通道。

清零（Zeroization）：一种擦除电子数据的方法，旨在防止数据恢复。

接口（Interface）：包括物理接口和逻辑接口，是安全芯片的输入或输出点，为信息流提供了输入或输出芯片的入口或出口。

物理接口（Physical Interface）：各种传输介质或传输设备的接口。

逻辑接口（Logic Interface）：物理上不存在，但能够实现数据交换功能，是通过配置建立的接口。

计时攻击（Timing Attack）：根据密码算法在安全芯片中运行时间的差异，分析获取芯片内密钥和敏感信息的一种攻击方式。

能量分析攻击（Power Analysis Attack）：通过采集安全芯片在密码运算时产生的能量消耗信息，利用密码学、统计学、信息论等原理分析获取芯片内密钥和敏感信息的一种攻击方式。

电磁分析攻击（EM Analysis Attack）：通过采集安全芯片在密码运算时产生的电磁辐射信息，利用密码学、统计学、信息论等原理分析获取芯片内密钥和敏感信息的一种攻击方式。

故障攻击（Fault Attack）：在整个安全芯片运行过程中，由于外界因素的影响，导致运算失误或硬件失效，利用这些故障行为对其进行分析，从而获取芯片内部的密钥和敏感信息。

光攻击（Light Attack）：对去除封装后的安全芯片进行光照，利用光照的能量改变安全芯片的运行状态来实施的攻击。

源文件（Source File）：安全芯片研制过程中涉及的软件源代码、版图、HDL 源代码等文件。

参考文献

[1] 沈昌祥，张焕国，冯登国，等．信息安全综述[J]．中国科学 E 辑，2007,37(2):129-150.DOI:10.3321/j.issn:1006-9275.2007.02.

[2] 吴卫华，栾虹．公钥密码处理芯片的设计与实现[J]．微电子学与计算机，2008,25(12):88-91,95.

[3] 段晓毅，陈东，高献伟，等．功耗分析攻击中机器学习模型选择研究[J]．计算机工程，2019,45(11):144-151+158.

[4] 邬可可，周莹，孔令晶．功耗分析下的密码芯片设计规范研究[J]．网络空间安全，2019,10(07):97-101.

[5] 王恺，严迎建，郭朋飞，等．基于改进残差网络和数据增强技术的能量分析攻击研究[J]．密码学报，2020,7(04):551-564.

[6] 何乃味．基于模块划分的可重构分组密码芯片设计[J]．计算机工程与设计，2012,33(12):4536-4540.

[7] 汪朝晖，张振峰．SM2 椭圆曲线公钥密码算法综述[J]．信息安全研究，2016,2(11):972-982.

[8] 王小云，于红波．SM3 密码杂凑算法[J]．信息安全研究，2016,2(11):983-994.

[9] 刘俊杰，师剑军，张大江，等．SM4 算法在无线通信中的硬件实现与应用[J]．计算机工程与应用，2016,52(17):118-122.

[10] 冯秀涛．祖冲之序列密码算法[J]．信息安全研究，2016,2(11):1028-1041.

反侵权盗版声明

    电子工业出版社依法对本作品享有专有出版权。任何未经权利人书面许可，复制、销售或通过信息网络传播本作品的行为；歪曲、篡改、剽窃本作品的行为，均违反《中华人民共和国著作权法》，其行为人应承担相应的民事责任和行政责任，构成犯罪的，将被依法追究刑事责任。

    为了维护市场秩序，保护权利人的合法权益，我社将依法查处和打击侵权盗版的单位和个人。欢迎社会各界人士积极举报侵权盗版行为，本社将奖励举报有功人员，并保证举报人的信息不被泄露。

举报电话：（010）88254396；（010）88258888

传   真：（010）88254397

E-mail：dbqq@phei.com.cn

通信地址：北京市海淀区万寿路173信箱

           电子工业出版社总编办公室

邮   编：100036